MATHEMATIKUS 3

Übungsteil
2. Teil

Herausgegeben von :
Jens Holger Lorenz

Erarbeitet von:

Klaus-Peter Eichler

Herta Jansen

Jens Holger Lorenz

Angelika Röttger

westermann

Zeichenerklärung

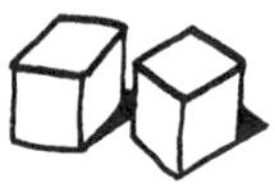 Mit Material legen

 Aufgaben, die farbig gestaltet werden sollen

 Aufgaben für Partner- und Gruppenarbeit

 Aufgaben, die im Heft bearbeitet werden sollen

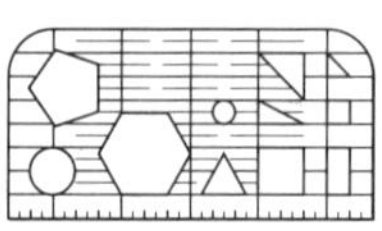 Für diese Aufgaben brauchst du eine Schablone.

 Zum Forschen und Entdecken

 Achtung, vielleicht ist ein Fehler versteckt!

24h

Datum	SA	SU	Tageslänge	Nachtlänge
1.01.	8.27	16.24	7h 57min	16h 3min
1.02.	8.00	17.11		
1.03.	7.08	18.02		
1.04.	5.59	18.54		
1.05.	4.56	19.44		
1.06.	4.12	20.28		
1.07.	4.10	20.41		
1.08.	4.46	20.10		
1.09.	5.34	19.09		
1.10.	6.22	18.01		
1.11.	7.14	16.56		
1.12.	8.04	16.18		

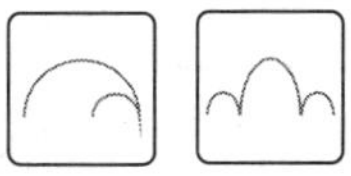

Rechne im Heft und trage die Ergebnisse in die Tabelle ein.
Beschreibe, was dir auffällt.

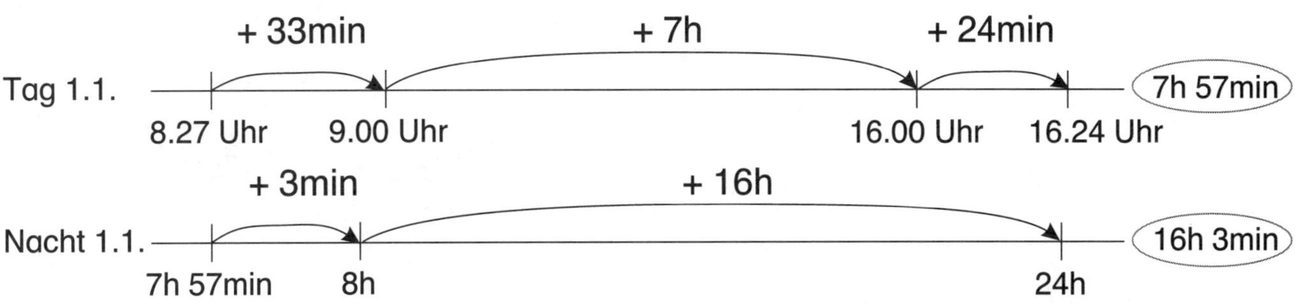

Markiere auf dem Zahlenstrahl die Tageslänge gelb und die Nachtlänge blau.

1.1. ....

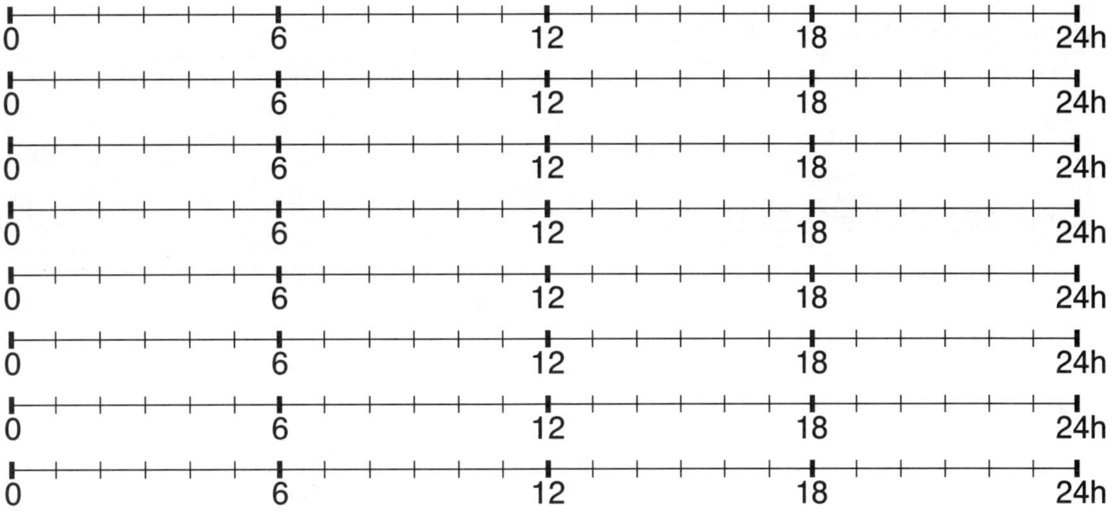

1. Teile die Zeit ein.

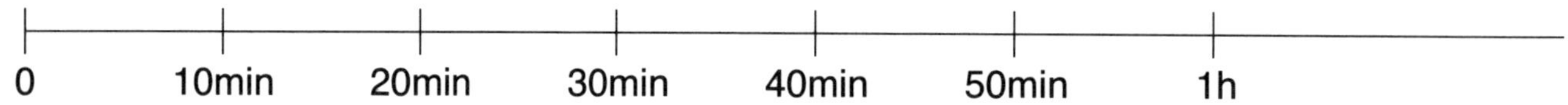

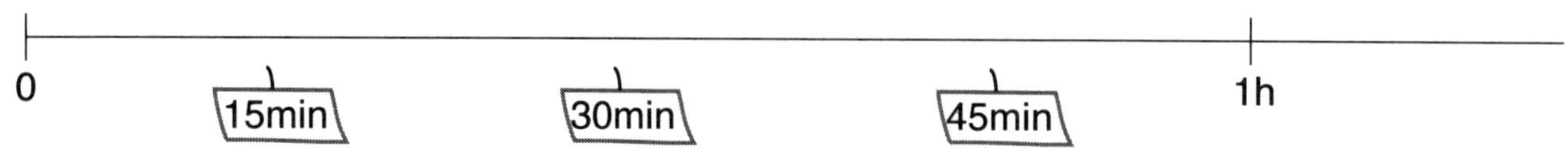

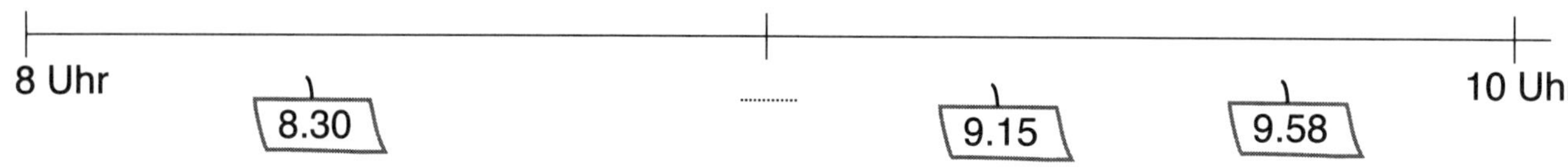

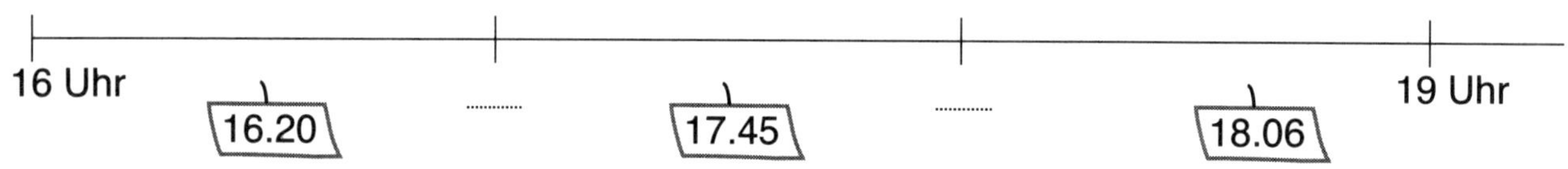

2. Markiere die Zeitspanne.

von 7.30 Uhr bis 8.15 Uhr

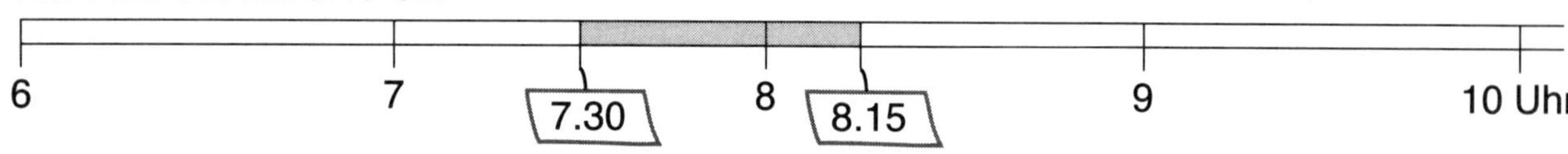

von 10.23 Uhr bis 14.35 Uhr

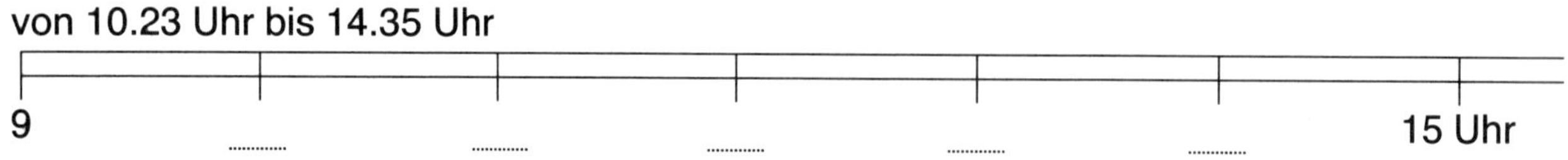

von 7.09 Uhr bis 18.54 Uhr

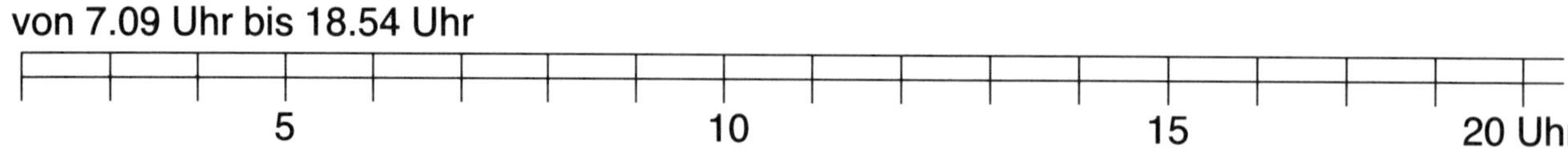

von 8.15 Uhr bis 22.43 Uhr

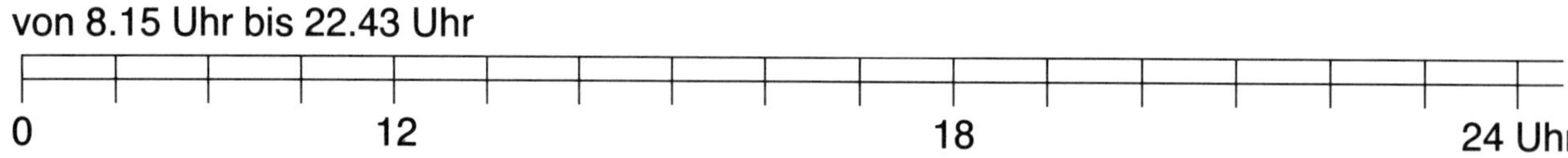

1. Halbiere alle Seiten der Figuren. Verbinde die Mittelpunkte.

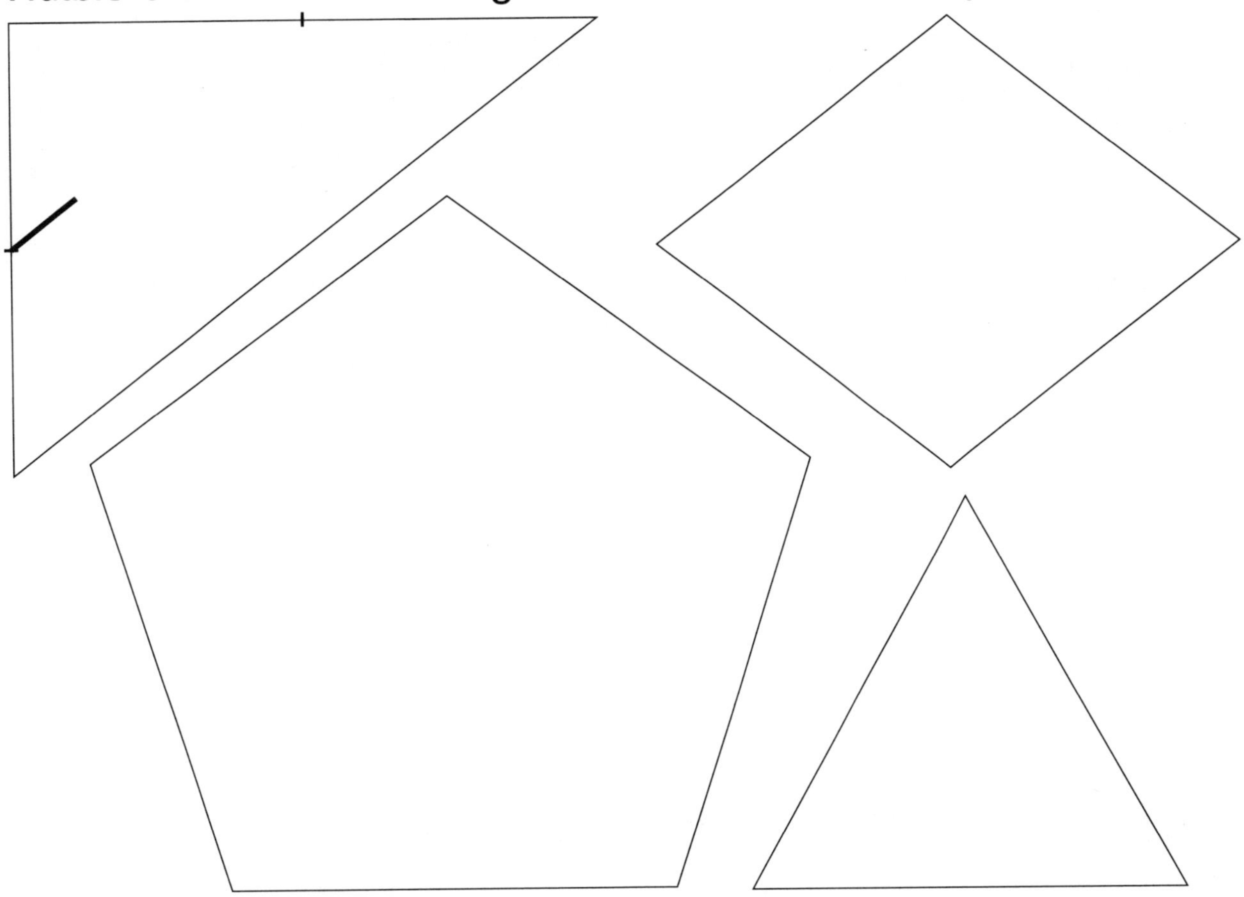

2. Schreibe auf, wie oft du in der Figur diese Vierecke und das Achteck findest.

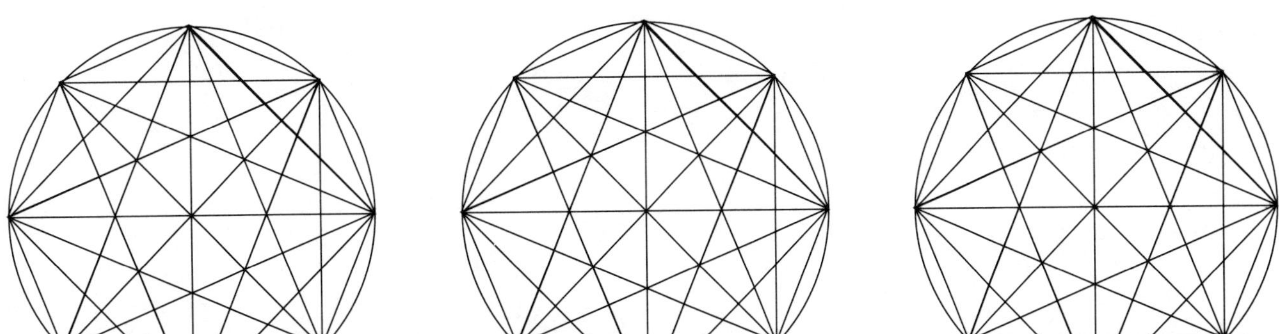

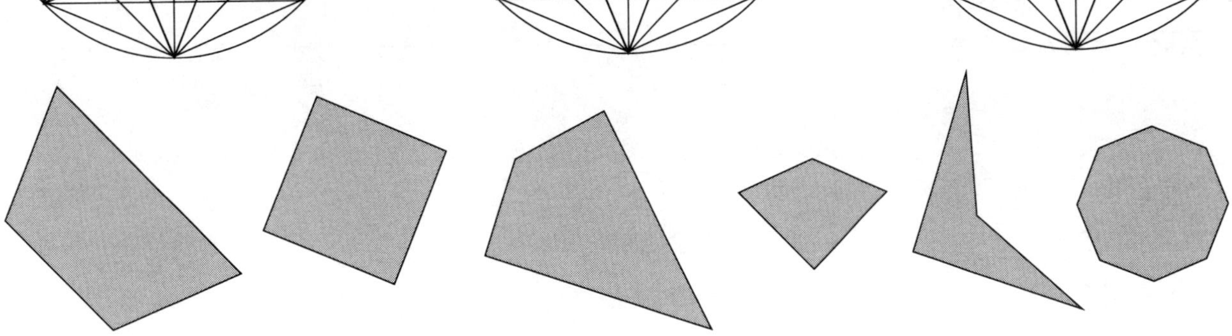

....

1. Rechne so:

403 – 395 = 8

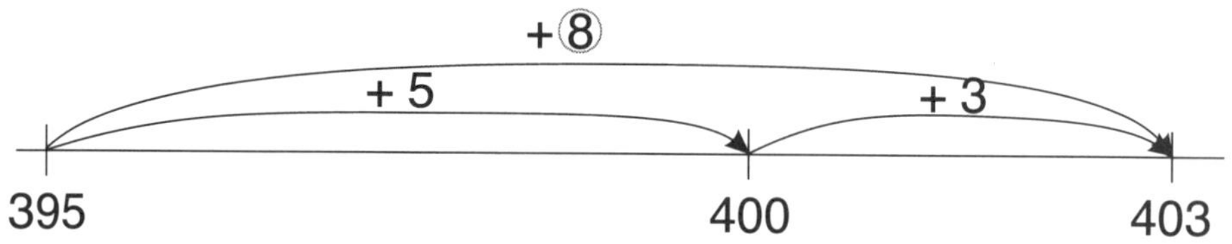

910 – 897 = ...

606 – 580 = ...

720 – 699 = ...

511 – 497 = ...

330 – 290 = ...

803 – 797 = ...

2. Rechne weiter im Heft:

212 – 180 = ...	622 – 595 = ...	531 – 490 = ...
514 – 498 = ...	333 – 280 = ...	729 – 670 = ...
707 – 670 = ...	406 – 386 = ...	305 – 295 = ...
840 – 799 = ...	911 – 897 = ...	613 – 587 = ...

1. Übertrage die Muster nach rechts. Zeichne mit der Schablone im Heft weiter.

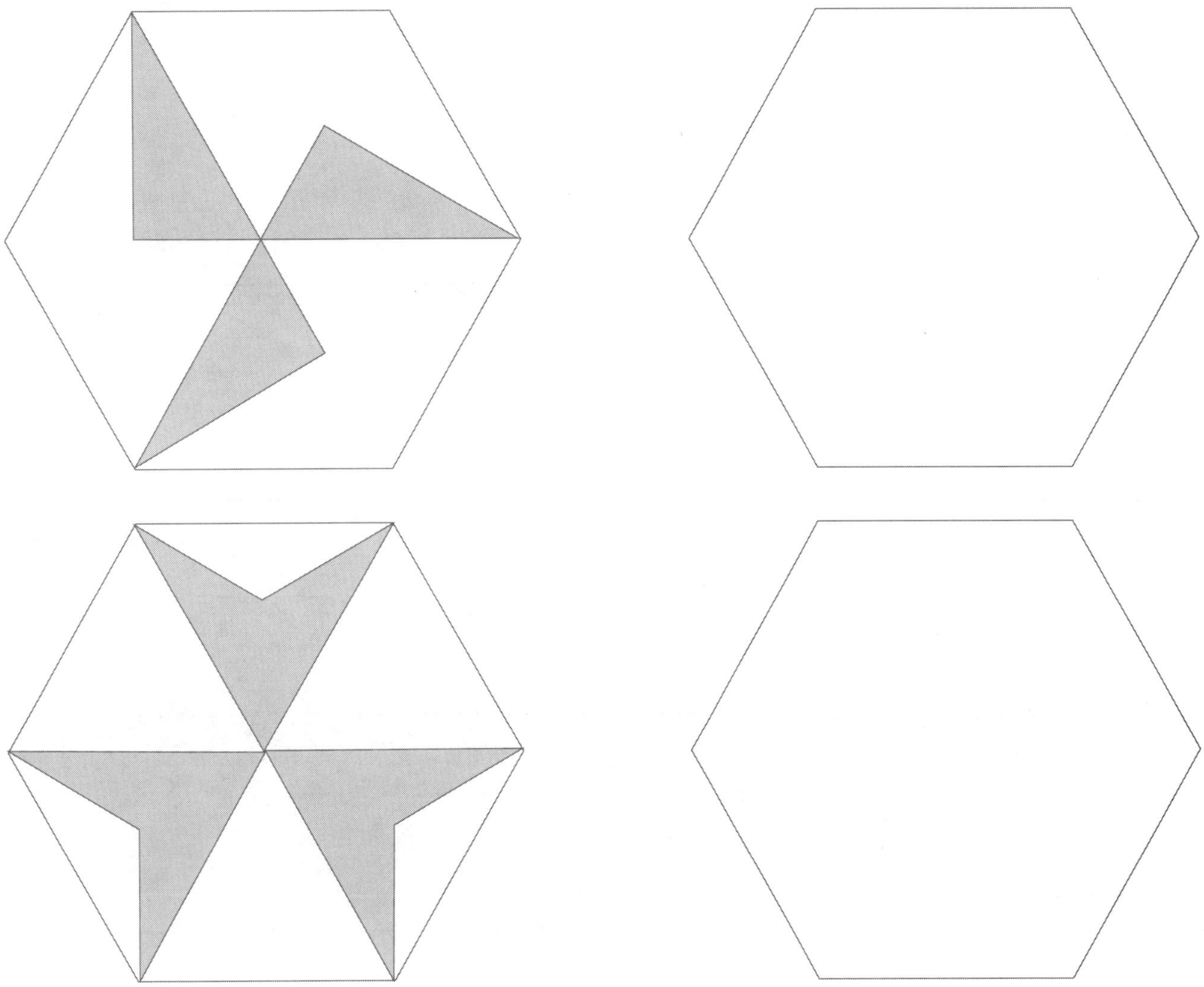

2. Trage alle fehlenden Zahlen ein.

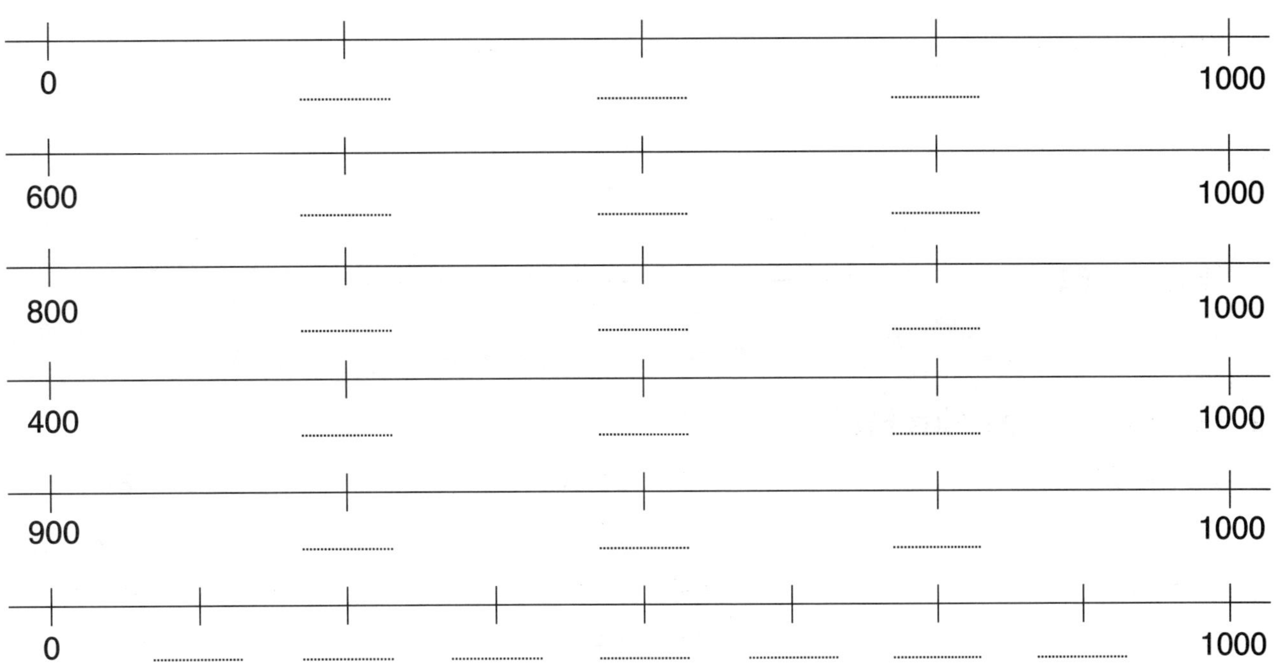

1. Rechne so:

846 – 357 = ...

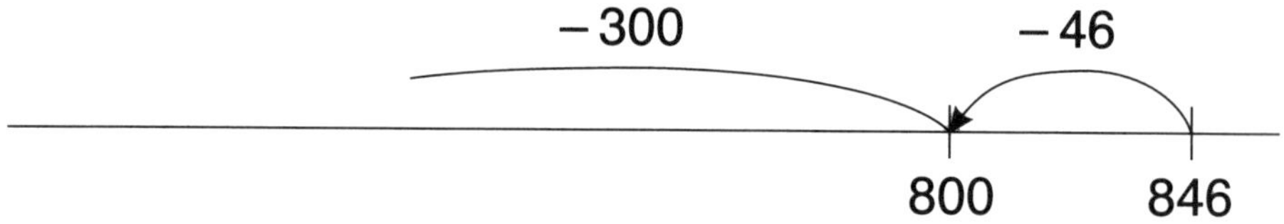

910 – 545 = ...

323 – 143 = ...

628 – 248 = ...

511 – 433 = ...

750 – 257 = ...

432 – 151 = ...

2. Rechne weiter im Heft:

624 – 330 = ...	747 – 347 = ...	263 – 183 = ...
372 – 192 = ...	522 – 331 = ...	425 – 256 = ...
458 – 374 = ...	640 – 452 = ...	555 – 367 = ...
219 – 175 = ...	936 – 644 = ...	838 – 651 = ...

Rechnen mit Ziffernplättchen

1. Bilde alle möglichen 3-stelligen Zahlen. Ordne sie nach der Größe.

(6) (5) (8) 856, 658, ...

geordnet: 568, 586, ...

(4) (7) (9) (3) 973, 497, ...

geordnet: ....

2. Suche viele Aufgaben. Benutze alle Plättchen.

3 8 + 7 = 4 5	☐☐ + ☐☐ = ☐☐	☐☐ − ☐☐ = ☐☐
☐☐ − ☐ = ☐☐	☐☐ + ☐☐ = ☐☐	☐☐ − ☐☐ = ☐☐
☐☐ + ☐ = ☐☐	☐☐ + ☐☐ = ☐☐	☐☐ − ☐☐ = ☐☐
☐☐ − ☐ = ☐☐	☐☐ + ☐☐ = ☐☐	☐☐ − ☐☐ = ☐☐
☐☐ + ☐ = ☐☐	☐☐ + ☐☐ = ☐☐	☐☐ − ☐☐ = ☐☐
☐☐ − ☐ = ☐☐	☐☐ + ☐☐ = ☐☐	☐☐ − ☐☐ = ☐☐

3. Versuche, die Ergebnisse zu erreichen. Du darfst alle Plättchen benutzen.

☐ · ☐ + ☐ = 30	☐ · ☐ − ☐ = 37
☐ · ☐ + ☐ = 61	☐ · ☐ − ☐ = 25
☐ · ☐ + ☐ = 73	☐ · ☐ − ☐ = 69
☐ · ☐ + ☐ = 34	☐ · ☐ − ☐ = 36
☐ · ☐ + ☐ = 50	☐ · ☐ − ☐ = 47
☐ · ☐ + ☐ = 29	☐ · ☐ − ☐ = 19

4. Lege mit Plättchen. Versuche, möglichst nahe an die mittlere Zahl zu kommen.

	300			222			345	
	600			888			789	
	550			333			246	
	425			777			321	
	875			555			654	

1. Welcher Weg nimmst du? ZE 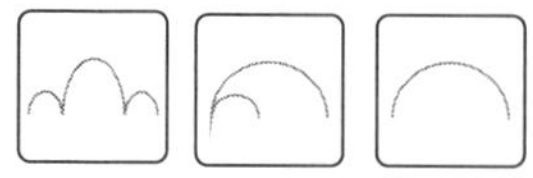

☐ 82 – 49 = ……… ____________________

☐ 76 – 24 = ……… ____________________

☐ 44 – 17 = ……… ____________________

☐ 95 – 61 = ……… ____________________

☐ 63 – 58 = ……… ____________________

☐ 57 – 53 = ……… ____________________

☐ 78 – 39 = ……… ____________________

2. Rechne weiter im Heft:

61 – 38 = ………	85 – 63 = ………	72 – 66 = ………	83 – 38 = ………
48 – 29 = ………	53 – 47 = ………	46 – 39 = ………	64 – 56 = ………
73 – 51 = ………	24 – 23 = ………	87 – 48 = ………	92 – 17 = ………
32 – 17 = ………	91 – 86 = ………	59 – 29 = ………	76 – 67 = ………

1. Welchen Weg nimmst du? HZE 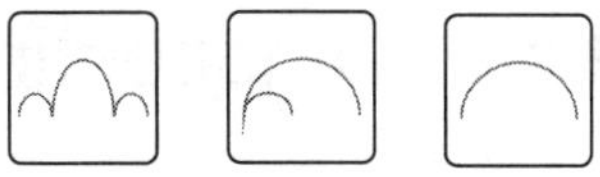

☐ 625 – 498 = ... ____________________

☐ 345 – 234 = ... ____________________

☐ 701 – 697 = ... ____________________

☐ 834 – 499 = ... ____________________

☐ 953 – 655 = ... ____________________

☐ 722 – 196 = ... ____________________

☐ 487 – 253 = ... ____________________

2. Rechne weiter im Heft:

940 – 771 = ...	534 – 194 = ...	632 – 333 = ...
406 – 397 = ...	286 – 278 = ...	815 – 775 = ...
845 – 538 = ...	363 – 177 = ...	741 – 588 = ...
777 – 697 = ...	405 – 295 = ...	510 – 499 = ...

1. Rechne zuerst die Aufgaben in der Klammer aus.

15 · (5 – 1) = 60 15 · 4 = 60	(24 + 8) : 4 =	(9 – 3) · 2 =
(15 + 5) · 1 =	(24 – 8) : 4 =	9 · (3 – 2) =
15 · (5 + 1) =	24 : (8 – 4) =	9 · (3 + 2) =
(15 – 5) · 1 =	24 : (8 + 4) =	(9 + 3) · 2 =
~~60~~ 10 90 20	6 4 8 2	36 12 45 9

2.

(14 – 2) : 6 =	7 · (9 – 3) =	(50 – 8) : 6 =
(43 + 6) : 7 =	8 · (4 + 5) =	90 : (5 + 4) =
21 : (8 – 1) =	(20 – 9) · 3 =	48 : (9 – 3) =
24 : (3 + 5) =	(16 + 9) · 4 =	(31 – 6) : 1 =
(61 – 5) : 8 =	6 · (7 + 2) =	(45 + 9) : 9 =

3.

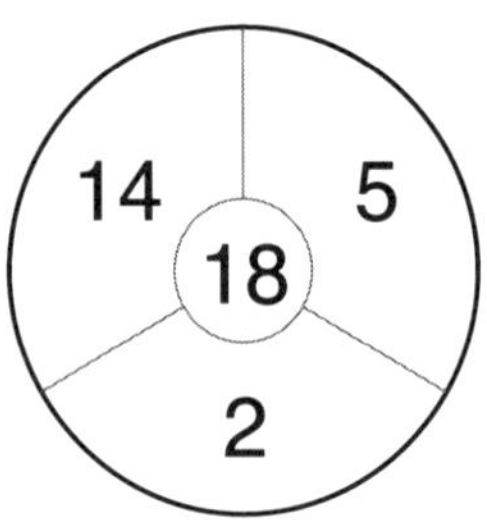

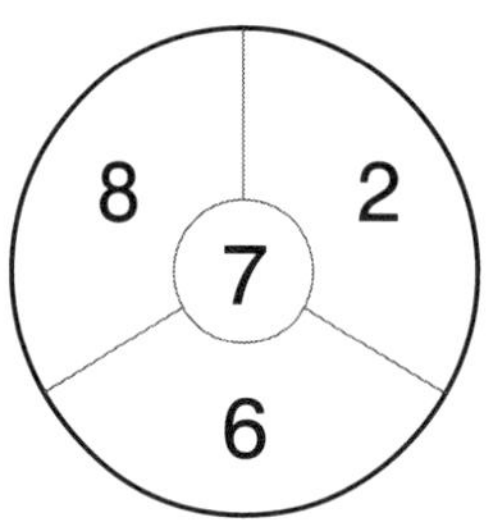

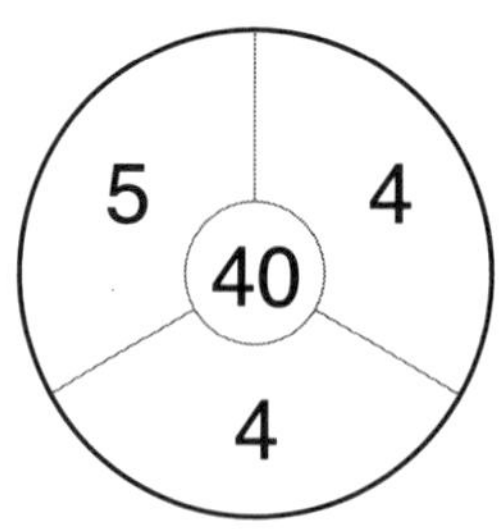

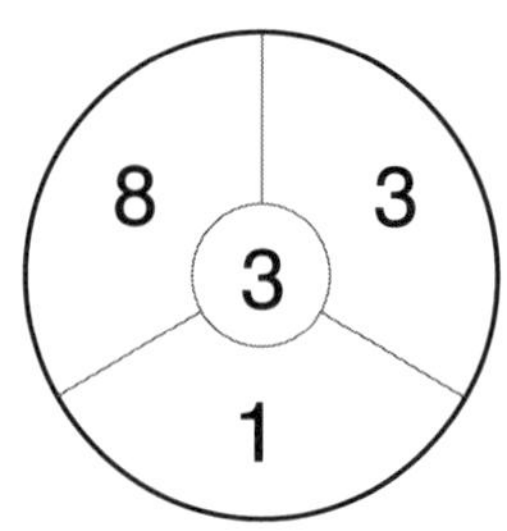

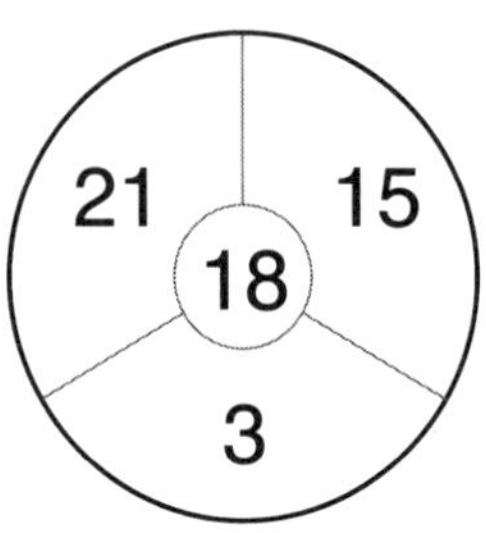

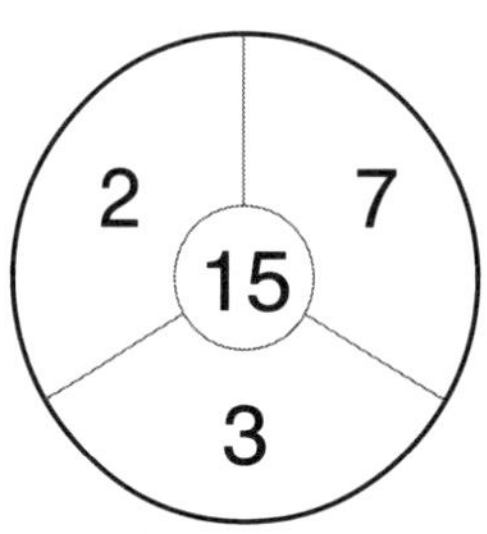

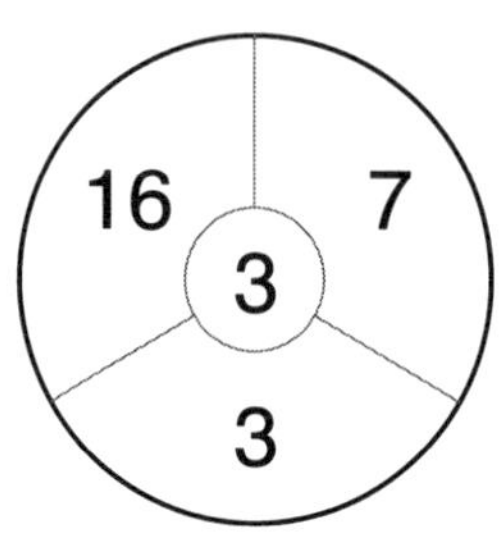

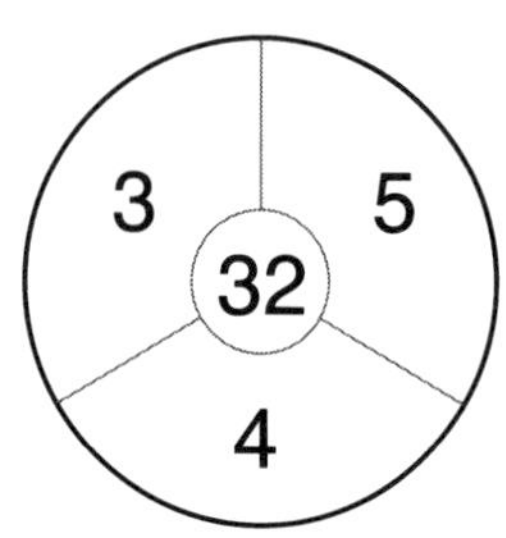

1. 

Lege mit möglichst wenig Scheinen und Münzen:
~~246 €~~, 783 €, 517 €, 417 €, 427 €, 801 €, 810 €, 180 €, 108 €, 777 €, 599 €, 99 €, 990 €, 999 €, 125 €, 150 €, 175 €, 200 €

Beispiel: 246 € = 200 € + 20 € + 20 € + 5 € + 1 €

2. Rechne geschickt.

98 + 32 = ____	453 + 47 = ____	112 – 13 = ____	278 – 38 = ____
88 + 72 = ____	453 + 41 = ____	412 – 13 = ____	278 – 138 = ____
388 + 72 = ____	654 + 146 = ____	912 – 14 = ____	277 – 138 = ____
382 + 78 = ____	657 + 146 = ____	1012 – 14 = ____	277 – 79 = ____

123 + 100 = ____	367 + 200 = ____	7 · 4 = ____	8 · 9 = ____
123 + 99 = ____	367 + 198 = ____	7 · 40 = ____	80 · 9 = ____
123 + 97 = ____	367 + 298 = ____	70 · 4 = ____	8 · 90 = ____
125 + 99 = ____	367 + 599 = ____	70 · 5 = ____	9 · 90 = ____

3.

30 · 5 = ____	42 : 6 = ____	54 : 9 = ____	720 : 8 = ____
3 · 50 = ____	420 : 6 = ____	540 : 9 = ____	630 : 70 = ____
6 · 50 = ____	420 : 60 = ____	540 : 90 = ____	360 : 40 = ____
60 · 5 = ____	420 : 70 = ____	540 : 6 = ____	280 : 7 = ____

3 · 2 = ____	2 · 4 = ____	9 : 3 = ____	0 : 8 = ____
30 · 2 = ____	2 · 40 = ____	90 : 3 = ____	0 : 80 = ____
3 · 20 = ____	20 · 40 = ____	900 : 3 = ____	8 : 0 = ____
30 · 20 = ____	20 · 4 = ____	900 : 30 = ____	80 : 0 = ____

4. Rechne in Minuten um.

3h 20 min = ____ min	4h 15 min = ____ min
4h 10 min = ____ min	9h 10 min = ____ min
8h 20 min = ____ min	11h 40 min = ____ min

5. Rechne in Stunden und Minuten um.

200 min = ____ h ____ min	360 min = ____ h ____ min
150 min = ____ h ____ min	430 min = ____ h ____ min
180 min = ____ h ____ min	540 min = ____ h ____ min

6. Probiere.

24 min : 6 = ____ min	3h 20 min : 4 = ____ min : 4 = ____ min
240 min : 6 = ____ min	4h 20 min : 5 = ____ min : 5 = ____ min
240 min : 0 = ____ min	5h : 4 = ____ min : 4 = ____ min

1. Wie viel kostet der Saft? Fülle die Tabelle aus:

	1l	2l	3l	4l	5l	6l	7l	8l	9l	10l
1l	1,10 €									
0,5l	1,20 €									
0,25l	1,60 €									

2. Wie viel kostet der Saft?
Finde jeweils unterschiedliche Möglichkeiten.

Lisa braucht 1,5 l Saft.

Anne möchte 2,5 l Saft kaufen.

Ronny kauft 3 l Saft.
Sie nimmt Flaschen in zwei verschiedenen Größen.

Ümit hat 2,25 l Saft gekauft.
Er hat von jeder Flaschengröße mindestens eine.

3. Wie viele Möglichkeiten gibt es, 3l Saft zu kaufen?
Findet gemeinsam viele Lösungen.

Jetzt neu bei uns:
Säfte direkt vom Erzeuger

1l Apfelsaft 1 Flasche 1,00 € (Pfand 0,20 €)	1l Möhrensaft 1 Flasche 1,50 € (Pfand 0,20 €)
1 l Orangensaft 1 Flasche 1,70 € (Pfand 0,20 €)	1 l Traubensaft 1 Flasche 2,20 € (Pfand 0,20 €)

1. Tina möchte alle Sorten probieren.

2. Lars kauft 2 Flaschen Möhrensaft und 1 Flasche Traubensaft.

3. Claudia hat 8 €. Sie möchte möglichst viel Orangensaft kaufen.

4. Inga kauft 5 Flaschen Traubensaft. Sie bezahlt mit einem 20-€-Schein.

5. Jonas bringt 8 leere Flaschen zurück. Er kauft 2 Flaschen Apfelsaft und 3 Flaschen Orangensaft.

6. Janine kauft 3 Flaschen Apfelsaft. Sie hat 2 leere Flaschen zurückgebracht und mit einem 5-€-Schein bezahlt.

7. Fülle die Tabellen aus:

Apfelsaft mit Pfand

Flaschen	1	2	3	4	5	6	7	8	9	10
Preis	1,20 €									

.... mit Pfand

Flaschen	1	2	3	4	5	6	7	8	9	10
Preis										

8.

Unser Angebot der Woche:
Beim Kauf von 5 Flaschen
erhalten Sie 1 Flasche geschenkt.

a) Peter will 7 Flaschen Apfelsaft kaufen. ....

....

b) Simone hat 11 €. Sie möchte Traubensaft kaufen. ....

....

Welche Strategie ist günstig?

–HZE 539 – 498 = ……… ______________________

 539 – 498 = ……… ______________________

 539 – 498 = ……… ______________________

–HZE 762 – 696 = ……… ______________________

 762 – 696 = ……… ______________________

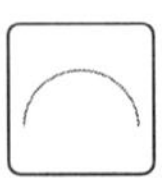 762 – 696 = ……… ______________________

–HZE 440 – 288 = ……… ______________________

 440 – 288 = ……… ______________________

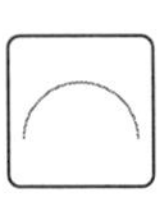 440 – 288 = ……… ______________________

Multiplizieren und Dividieren von Zehnerzahlen

1.

40 · 6 = …	80 · 7 = …	7 · 30 = …	6 · 90 = …
80 · 3 = …	60 · 9 = …	3 · 60 = …	9 · 40 = …
50 · 9 = …	70 · 4 = …	6 · 70 = …	5 · 20 = …
40 · 7 = …	80 · 9 = …	3 · 20 = …	3 · 60 = …
70 · 7 = …	70 · 9 = …	0 · 90 = …	7 · 70 = …

2.

350 : 7 = …
50 · 7 = …

350 : 50 = …
7 · 50 = …

350 : 70 = …
5 · 70 = …

350 : 5 = …
70 · 5 = …

240 : 60 = …
…

240 : 6 = …
…

240 : 4 = …
…

240 : 40 = …
…

180 : 9 = …
…

180 : 2 = …
…

180 : 20 = …
…

180 : 90 = …
…

3.

420 : 60 = …
…

420 : 6 = …
…

420 : 7 = …
…

420 : 70 = …
…

540 : 6 = …
…

540 : 60 = …
…

540 : 90 = …
…

540 : 9 = …
…

210 : 7 = …
…

210 : 70 = …
…

210 : 30 = …
…

210 : 3 = …
…

4.

350 : 7 = …	720 : 8 = …	810 : 90 = …	420 : 70 = …
560 : 8 = …	480 : 6 = …	60 : 4 = …	560 : 80 = …
270 : 9 = …	640 : 8 = …	480 : 80 = …	560 : 70 = …
450 : 9 = …	630 : 9 = …	630 : 70 = …	320 : 40 = …
280 : 4 = …	420 : 7 = …	640 : 80 = …	720 : 90 = …

1. Wie viele Reiter sind es?

13 Reihen
...... Reiter

17 Reihen
...... Reiter

23 Reihen
...... Reiter

32 Reihen
...... Reiter

2.

10 · 7 = ...	10 · 9 = ...	13 · 6 = ...	15 · 7 = ...
14 · 7 = ...	12 · 9 = ...	14 · 4 = ...	12 · 8 = ...
20 · 5 = ...	20 · 7 = ...	15 · 4 = ...	15 · 5 = ...
22 · 5 = ...	22 · 7 = ...	12 · 9 = ...	12 · 7 = ...
10 · 6 = ...	20 · 3 = ...	17 · 3 = ...	22 · 2 = ...
15 · 6 = ...	27 · 3 = ...	19 · 4 = ...	33 · 3 = ...

3.

60 · 5 + 3 · 5 = 300 + 15 = 315	60 · 4 + 3 · 4 = ... = ...
30 · 5 + 6 · 5 = ... = ...	70 · 4 + 4 · 4 = ... = ...
20 · 7 + 1 · 7 = ... = ...	20 · 4 + 8 · 4 = ... = ...
90 · 7 + 5 · 7 = ... = ...	30 · 9 + 1 · 9 = ... = ...
60 · 7 + 6 · 7 = ... = ...	40 · 8 + 4 · 8 = ... = ...
40 · 7 + 3 · 7 = ... = ...	40 · 6 + 8 · 6 = ... = ...

4. Wie viele Reihen sind es?

...... Reihen
96 Reiter

...... Reihen
75 Reiter

...... Reihen
72 Reiter

...... Reihen
104 Reiter

5.

96 : 3 = ...	75 : 5 = ...	56 : 8 = ...	64 : 4 = ...
65 : 5 = ...	72 : 6 = ...	56 : 4 = ...	72 : 4 = ...
80 : 2 = ...	72 : 3 = ...	56 : 2 = ...	95 : 5 = ...
52 : 4 = ...	48 : 8 = ...	88 : 8 = ...	78 : 3 = ...
99 : 9 = ...	48 : 4 = ...	88 : 4 = ...	93 : 3 = ...
81 : 4 = ...	48 : 2 = ...	88 : 2 = ...	96 : 6 = ...

1. Wie viele Reiter sind es?

96 Reihen	75 Reihen	72 Reihen	104 Reihen
.... Reiter	.... Reiter	.... Reiter	.... Reiter

2. Rechne am Rechenstrich.

96 : 3 = ... (96)

72 : 4 = ...

102 : 6 = ...

95 : 5 = ...

3. Rechne am Rechenstrich.

96 : 3 = ...	75 : 5 = ...	56 : 8 = ...	64 : 4 = ...
65 : 5 = ...	72 : 6 = ...	56 : 4 = ...	72 : 4 = ...
80 : 2 = ...	72 : 3 = ...	56 : 2 = ...	95 : 5 = ...
52 : 4 = ...	48 : 8 = ...	88 : 8 = ...	78 : 3 = ...
99 : 9 = ...	48 : 4 = ...	88 : 4 = ...	93 : 3 = ...
81 : 4 = ...	48 : 2 = ...	88 : 2 = ...	96 : 6 = ...

4.

70 •9 + 8 •9 = ... = ...	60 •6 + 6 •6 = ... = ...
50 •5 + 5 •5 = ... = ...	70 •7 + 7 •7 = ... = ...
30 •3 + 8 •3 = ... = ...	80 •8 + 8 •8 = ... = ...
40 •8 + 3 •8 = ... = ...	90 •9 + 9 •9 = ... = ...
30 •9 + 5 •9 = ... = ...	70 •3 + 8 •3 = ... = ...
40 •5 + 8 •5 = ...	60 •7 + 6 •7 = ...
60 •7 + 8 •7 = ... = ...	40 •7 + 8 •7 = ... = ...

Die Mitte finden

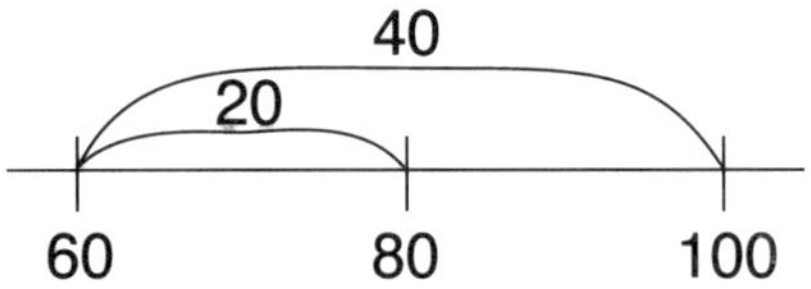

60 – 80 – 100	40 – 70	80 – 120
42 – 64	38 – 82	56 – 94
400 – 1000	300 – 700	500 – 1000
440 – 660	340 – 710	330 – 570
780 – 910	560 – 750	390 – 680
365 – 385	483 – 523	647 – 717
298 – 418	543 – 733	184 – 334
555 – 777	333 – 666	444 – 888
234 – 606	791 – 937	576 – 722
376 – 744	159 – 623	348 – 934

1. Verdopple oder halbiere.

D

9		27		39		45	63		289
18	58		184		710			302	

D

		87			249		187	399	
98	998		535	732		372			338

2.

			480	
204		124		
102				
51	17			29

3. 

Wie viele Scheine und Münzen brauchst du?
Finde möglichst viele Möglichkeiten.

a) 178 €	b) 276 €	c) 321 €	d) 89 €
e) 93 €	f) 3,74 €	g) 16,06 €	e) 100,10 €

4. Setze die Muster mit dem Lineal fort.

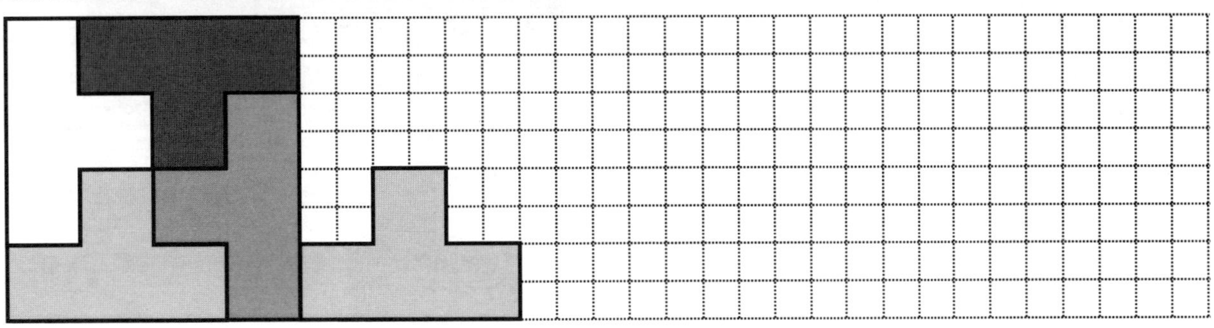

1. Markiere und rechne.

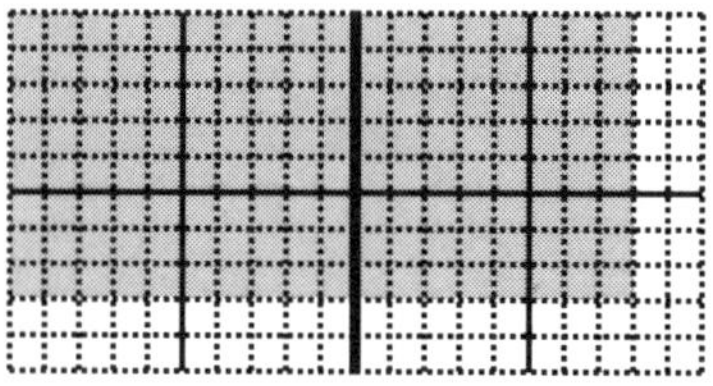

8 · 18 = ……

8 · 10 = ……

8 · 8 = ……

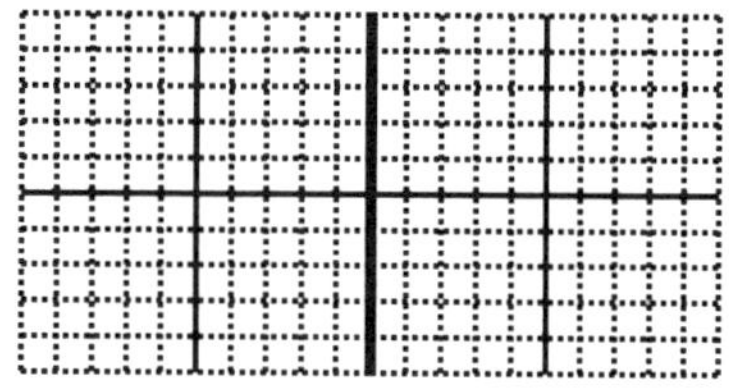

7 · 16 = ……

7 · 10 = ……

……

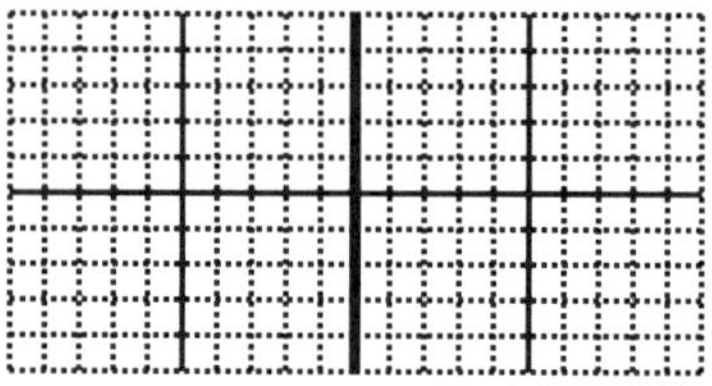

9 · 15 = ……

……

……

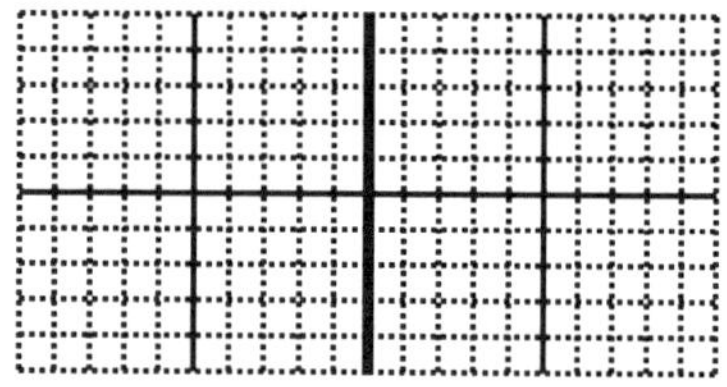

6 · 17 = ……

……

……

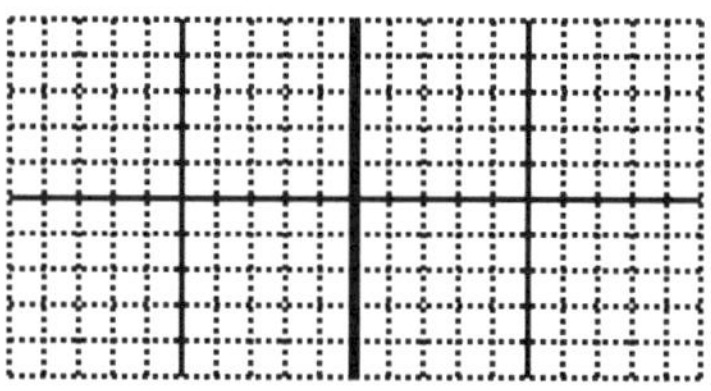

8 · 16 = ……

……

……

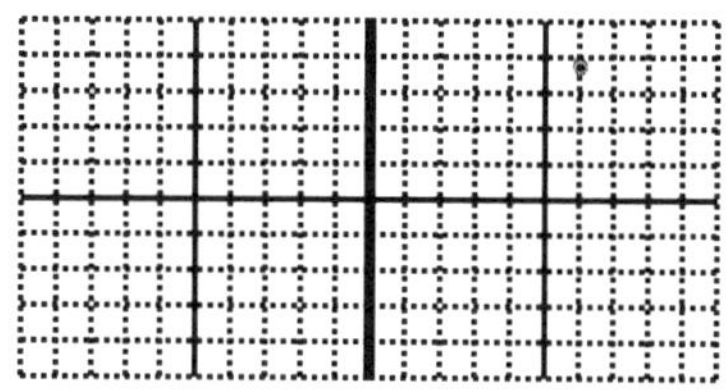

8 · 13 = ……

……

……

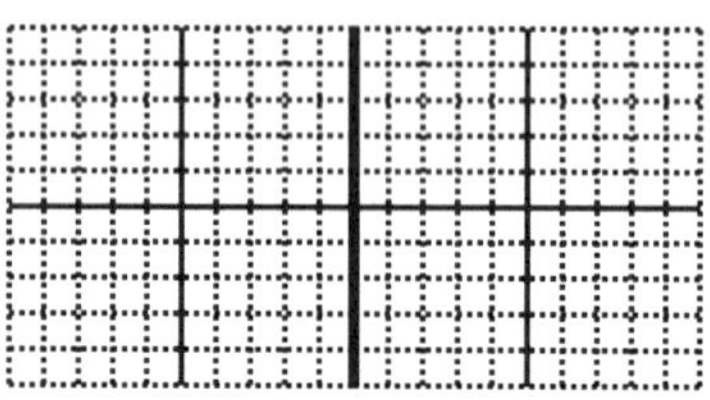

9 · 12 = ……

……

……

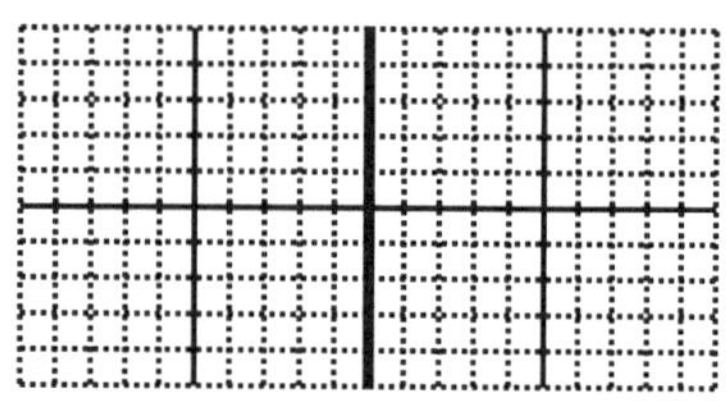

9 · 19 = ……

……

……

2. Rechne im Heft.

9 · 14 = ……	7 · 13 = ……	8 · 14 = ……	6 · 34 = ……	14 · 9 = ……
7 · 18 = ……	6 · 18 = ……	4 · 19 = ……	5 · 51 = ……	15 · 6 = ……
9 · 11 = ……	8 · 15 = ……	8 · 17 = ……	0 · 79 = ……	16 · 7 = ……
9 · 17 = ……	9 · 16 = ……	8 · 21 = ……	32 · 8 = ……	17 · 8 = ……

3.

70 · 9 + 8 · 9 = 630 + 72 = 702	60 · 6 + 6 · 6 = …… = ……
50 · 5 + 5 · 5 = …… = ……	70 · 7 + 7 · 7 = …… = ……
30 · 3 + 8 · 3 = …… = ……	80 · 8 + 8 · 8 = …… = ……
40 · 8 + 3 · 8 = …… = ……	90 · 9 + 9 · 9 = …… = ……
30 · 9 + 5 · 9 = …… = ……	70 · 3 + 8 · 3 = …… = ……
40 · 5 + 8 · 5 = …… ……	60 · 7 + 6 · 7 = …… ……
60 · 7 + 8 · 7 = …… = ……	40 · 7 + 8 · 7 = …… = ……

1. Prüfe, welche Zahlen die Summe von aufeinander folgenden Zahlen sind. Kreuze die Zahlen in der Tabelle an.

Summen	1	2	3	4	5	6	7	8	9	10	11	12	13	14	15
zwei Zahlen	X		X												
drei Zahlen															
vier Zahlen															
fünf Zahlen															
sechs Zahlen															

Summen	16	17	18	19	20	21	22	23	24	25	26	27	28	29	30
zwei Zahlen															
drei Zahlen															
vier Zahlen															
fünf Zahlen															
sechs Zahlen															

2. Beim Sportfest haben Tom, Romy und Sandra drei aufeinander folgende Startnummern. Die Summe der Startnummern ist 72. Romy hat die kleinste und Sandra hat die größte Startnummer. Welche Startnummer hat Tom?

....

3. Tom findet einen alten Kalender. Er sucht eine Woche im Dezember heraus und addiert das Datum aller 7 Wochentage. Die Summe ist 84.
Sandra nimmt eine andere Woche und erhält als Summe 140.
Tina rechnet auch und erhält als Summe 100.
Welche Wochen haben sie ausgewählt? ....

....

4. Lisa hat beim Sportfest 5 Punkte mehr als Tom erreicht. Tom hat die gleiche Punktzahl wie Sascha und Tina. Alle vier haben zusammen 105 Punkte. Wie viele Punkte hat jeder?

....

....

1. Bündele.

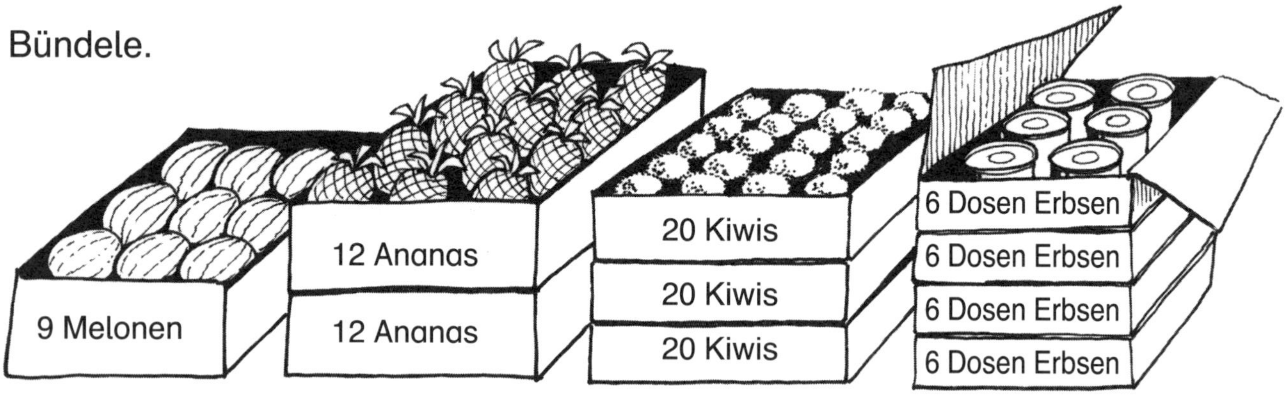

Ware	Anzahl	Einzelpreis	Anzahl Kisten	Kistenpreis	Gesamtpreis
Melonen	18	2,10 €	2	18,90 €	37,80 €
Ananas		2,50 €			
Kiwis		0,20 €			
Erbsen				4,80 €	

2. Mache selbst eine Skizze.

Ware	Anzahl	Einzelpreis	Anzahl Kisten	Kistenpreis	Gesamtpreis
Gurken	12	0,71 €	2		
Tomaten	25		1		7,50 €
Kohl	30		3	18,00 €	
Salat		0,60 €	2	9,00 €	

3. Und jetzt Getränke.

Ware	Anzahl	Preis pro Flasche	Anzahl der Kisten	Kistenpreis	Gesamtpreis
Orangensaft	24	1,10 €	4		
Milch	60	0,25 €	2		27,60 €
Kakao	90		3	8,40 €	

4. Kuckuckseier! Welche Zahl passt nicht zu den anderen?

....

Addiere.

1.

406 + 1 = …	207 + 3 = …
406 + 10 = …	207 + 30 = …
406 + 100 = …	207 + 300 = …
227 + 6 = …	498 + 4 = …
227 + 60 = …	498 + 40 = …
227 + 600 = …	498 + 400 = …
198 + 7 = …	335 + 8 = …
198 + 70 = …	335 + 80 = …
198 + 700 = …	335 + 800 = …
198 + 706 = …	335 + 803 = …

2.

176 + 99 = …	361 + 100 = …
176 + 100 = …	361 + 98 = …
176 + 98 = …	361 + 102 = …
267 + 99 = …	597 + 99 = …
267 + 100 = …	597 + 101 = …
267 + 98 = …	597 + 100 = …
458 + 99 = …	636 + 100 = …
458 + 101 = …	636 + 98 = …
458 + 100 = …	636 + 102 = …
458 + 109 = …	636 + 120 = …

Subtrahiere.

3.

455 – 1 = …	543 – 3 = …
455 – 10 = …	543 – 30 = …
455 – 100 = …	543 – 300 = …
728 – 4 = …	763 – 6 = …
728 – 40 = …	763 – 60 = …
728 – 400 = …	763 – 600 = …
975 – 8 = …	826 – 7 = …
975 – 80 = …	826 – 70 = …
975 – 800 = …	826 – 700 = …
975 – 807 = …	826 – 709 = …

4.

349 – 99 = …	574 – 100 = …
349 – 100 = …	574 – 98 = …
349 – 98 = …	574 – 102 = …
607 – 99 = …	705 – 99 = …
607 – 101 = …	705 – 101 = …
607 – 100 = …	705 – 100 = …
354 – 99 = …	835 – 100 = …
354 – 100 = …	835 – 98 = …
354 – 98 = …	835 – 102 = …
354 – 130 = …	835 – 120 = …

5. Setze die Zeichen >, < und = richtig ein.

30 + 80 ☐ 120	40 ☐ 120 – 90	180 ☐ 20 + 90	130 – 80 ☐ 60
70 + 50 ☐ 110	50 ☐ 140 – 90	150 ☐ 70 + 80	110 – 50 ☐ 70
40 + 90 ☐ 150	80 ☐ 150 – 80	140 ☐ 50 + 90	130 – 80 ☐ 50
90 + 70 ☐ 150	70 ☐ 150 – 90	170 ☐ 80 + 70	150 – 80 ☐ 90
30 + 60 ☐ 80	60 ☐ 140 – 70	160 ☐ 80 + 90	140 – 90 ☐ 50

1. Zeichne das Bild im Maßstab 2 : 1 ab. Zeichne dazu ein passendes Gitter, welches dir hilft.
Zeichne dann das Bild so genau wie möglich im Maßstab 1 : 2 ab.

2. Setze die Muster fort und zeichne sie dann noch einmal im Maßstab 1 : 2 darunter.

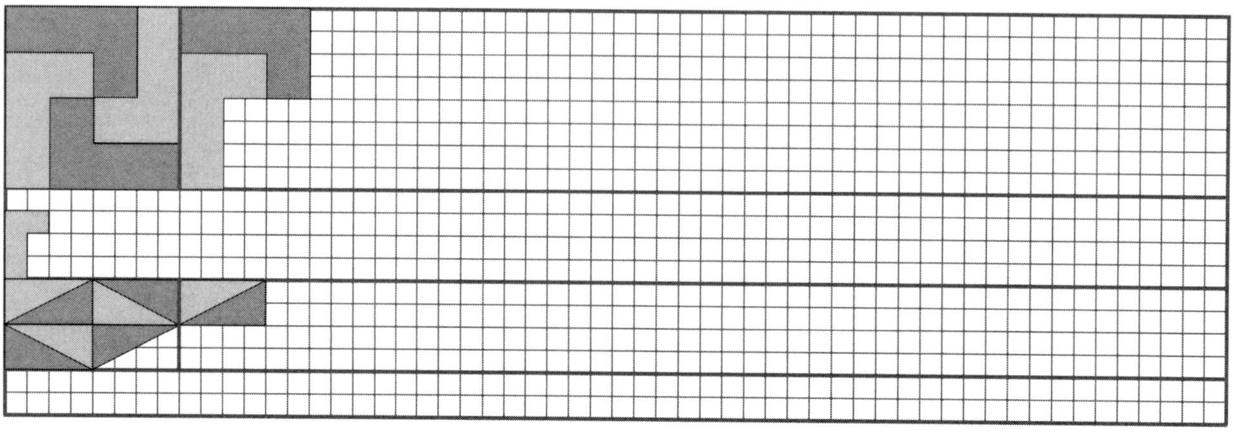

Suche die Informationen im Schulbuch.

1. Wie viel frisst ein Elefant in einer Woche, in einem Monat (30 Tage)?

	1 Woche	1 Monat
Heu		
Stroh		
Luzerne		
Möhren		
Äpfel		

	1 Woche	1 Monat
Hafer		
Weizenkleie		
Pressfutter		
Pflanzenöl		
Mineralsalze, Vitamine		

2. Im Zoo Neustadt leben 3 Elefanten. Wie viel Futter brauchen sie?

	1 Tag	1 Woche
Heu		
Stroh		
Luzerne		
Möhren		
Äpfel		

	1 Tag	1 Woche
Hafer		
Weizenkleie		
Pressfutter		
Pflanzenöl		
Mineralsalze, Vitamine		

3. Im Tierpark Altdorf leben 5 Elefanten. Wie viel Futter brauchen sie?

	1 Tag	1 Woche
Heu		
Stroh		
Luzerne		
Möhren		
Äpfel		

	1 Tag	1 Woche
Hafer		
Weizenkleie		
Pressfutter		
Pflanzenöl		
Mineralsalze, Vitamine		

4. Tierwärter Karl hat für die Elefanten im Tierpark 300 kg Hafer bestellt.
Für wie viele Tage reicht der Vorrat?

....

5. Der Zoo Neustadt hat für seine Elefanten noch 540 kg Weizenkleie.
Für wie viele Tage reicht das?

....

6. 6 Äpfel sind ungefähr 1 kg. Wie viele Äpfel fressen die Elefanten?

	an einem Tag	in einer Woche	in einem Monat	in einem Jahr
1 Elefant				
3 Elefanten				
5 Elefanten				

Suche die Informationen im Schulbuch.

1. Wie groß ist der Unterschied bei den einzelnen Tierarten?

	Tierpark Altdorf	Zoo Neustadt	Unterschied
Säugetiere	765	496	
Vögel	924	578	
Reptilien	143	89	
Amphibien	357	261	
Fische	432	601	
Wirbellose	876	997	

Säugetiere

496 765

Vögel

Reptilien

Amphibien

Fische

Wirbellose

2. Neue Tiere kommen.

Es kommen 20 Tiere. In jedem Waggon sind 3 oder 4 Tiere.

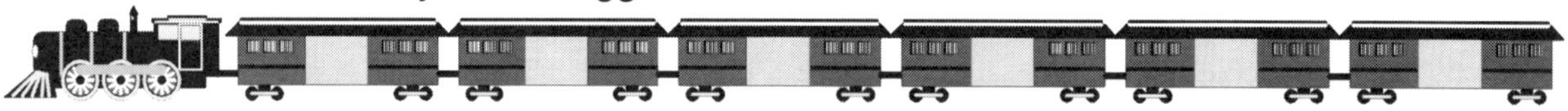

Es kommen 44 Tiere. In jedem Waggon sind 7 oder 8 Tiere.

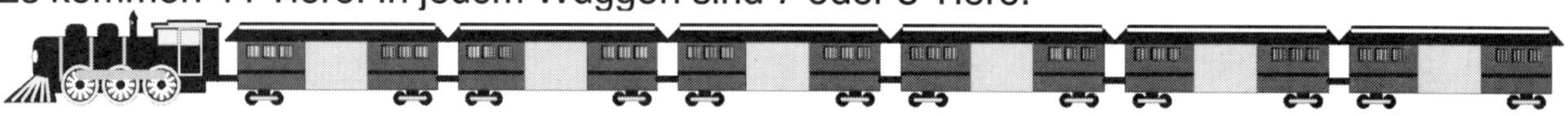

Suche die Informationen im Schulbuch.

1. Herr und Frau Berger möchten mit ihren Kindern Jan (4 Jahre) und Kim (9 Jahre) in den Zoo gehen.
Wie viel € müssen sie für den Eintritt bezahlen?

2. Frau Neuhaus möchte gerne öfter in den Zoo gehen. Sie überlegt, ob sie sich eine Jahreskarte kaufen soll.

3. In der Klasse 3c sind 26 Kinder. Sie machen mit ihrem Lehrer und drei Müttern einen Ausflug in den Zoo.
Wie viel € muss der Lehrer an der Kasse zahlen?

4. Kim hat im April zu ihrem 9. Geburtstag eine Jahreskarte geschenkt bekommen. Bis jetzt war sie 3-mal im Zoo.

5. Wie lange ist der Zoo geöffnet?

6. Familie Kaufmann möchte in den Sommerferien einen ganzen Tag im Zoo verbringen.

7. Kerstin und Anne sind um 14.45 Uhr am Zoo.

8. Finde selber Rechengeschichten und schreibe sie in dein Heft.

1. Schreibe viele Aufgaben zu den Zeitungsberichten aus dem Schulbuch.

2. Welche Informationen (Zahlen) brauchst du, um Aufgaben zur Giraffenfamilie zu stellen? Markiere sie und schreibe die Aufgaben dazu ins Heft.

Im Tierpark Wilhelmsdorf wurde am 17. September 2000 ein Giraffenbaby geboren. Aus zwei Metern Höhe plumpste es ins weiche Stroh. Die 13-jährige Giraffenmutter Loni hat bereits ihr fünftes Kind zur Welt gebracht, zum ersten Mal ein Mädchen. Schon nach einer halben Stunde konnte es auf seinen Beinen stehen und seine 57 kg im Gleichgewicht halten. Seine Größe betrug bereits 1,74 m. Im Vergleich zu seinem Vater Charly (15 Jahre), der 5,19 m groß und 716 kg schwer ist, und zu seiner Mutter, die 4,57 m groß ist und ein Gewicht von 623 kg auf die Waage bringt, ist es jedoch noch ein Winzling.

Für Tierpfleger Karl Lehmann (46) war es ein doppelter Glückstag. Es war der 15. Geburtstag seines Sohnes Jan, als der erfahrene Tierpfleger frühmorgens um 7.30 Uhr zu Giraffenmutter Loni gerufen wurde. „Wir haben lange auf diese Geburt gewartet!", erklärte Lehmann. Die Tragzeit bei Loni betrug 506 Tage - normalerweise kommen Giraffenkinder etwa nach 450 Tagen zur Welt.

Geburtstagskind Jan durfte dem Tierkind den Namen geben. Er entschied sich für Ronja.

470	640	180	310	530	250

1. Welche Zahlen passen? Finde möglichst mehrere Lösungen.

Das Ergebnis soll sein:

größer als 300	⟹	..... –	..... –	..... – .....
kleiner als 300	⟹	..... –	..... –	..... – .....
zwischen 100 und 200	⟹	..... –	..... –	..... – .....
größer als 500	⟹	..... –	..... –	..... – .....
gerade	⟹	..... –	..... –	..... – .....
kleiner als 100	⟹	..... –	..... –	..... – .....
zwischen 200 und 400	⟹	..... –	..... –	..... – .....
größer als 200	⟹	..... –	..... –	..... – .....
ungerade	⟹	..... –	..... –	..... – .....
= 110	⟹	..... –	..... –	..... – .....
größer als 300	⟹	..... –	..... –	..... – .....
kleiner als 80	⟹	..... –	..... –	..... – .....
zwischen 500 und 600	⟹	..... + ...	..... + ...	..... + ...
größer als 900	⟹	..... + ...	..... + ...	..... + ...

2. Halbieren und Verdoppeln

D												
	470	250	640	180	310	530						
	940						640	470	180	310	530	250

D												
	16	160	28	280	49	490						
							68	680	72	720	58	580

3. Überlege und rechne.

470 + ... = 1000	250 + ... = 1000	640 + ... = 1000
470 + ... = 999	250 + ... = 999	640 + ... = 999
470 + ... = 1001	250 + ... = 1001	640 + ... = 1001
310 + ... = 1000	530 + ... = 1000	180 + ... = 1000
310 + ... = 999	530 + ... = 999	180 + ... = 999
310 + ... = 1001	530 + ... = 1001	180 + ... = 1001

1. Zahlenfolgen: Finde die Regel und setze fort.

	Regel
23, 123, 223,	
998, 898, 798,	
20, 130, 240,	
3, 6, 7, 14, 15,	
8, 5, 10, 7, 14,	
2, 4, 8,	
7, 14, 21,	
, , 450, 500, 550, ,	
, , 180, 210, 240, ,	
192, 208, 307,	
891, 872, 853,	

2. Rechenketten:

3	· 8 →		− 11 →		+ 19 →		: 8 →	
4	· 8 →		− 11 →		+ 19 →		: 8 →	
5	· 8 →		− 11 →		+ 19 →		: 8 →	
6	· 8 →		− 11 →		+ 19 →		: 8 →	
7	· 8 →		− 11 →		+ 19 →		: 8 →	
8	· 8 →		− 11 →		+ 19 →		: 8 →	
9	· 8 →		− 11 →		+ 19 →		: 8 →	

Was fällt dir auf? Beschreibe: ……………………

……………………

……………………

1. Zeichne das Spinnennetz weiter. Achte auf parallele Linien.

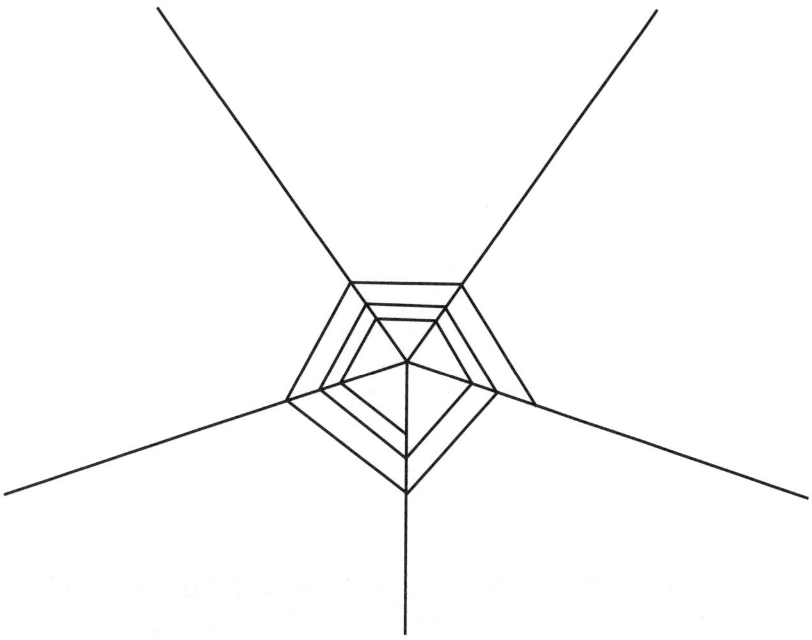

2. Zeichne in jedem Dreieck (ohne abzusetzen) immer parallel zu den Seiten.

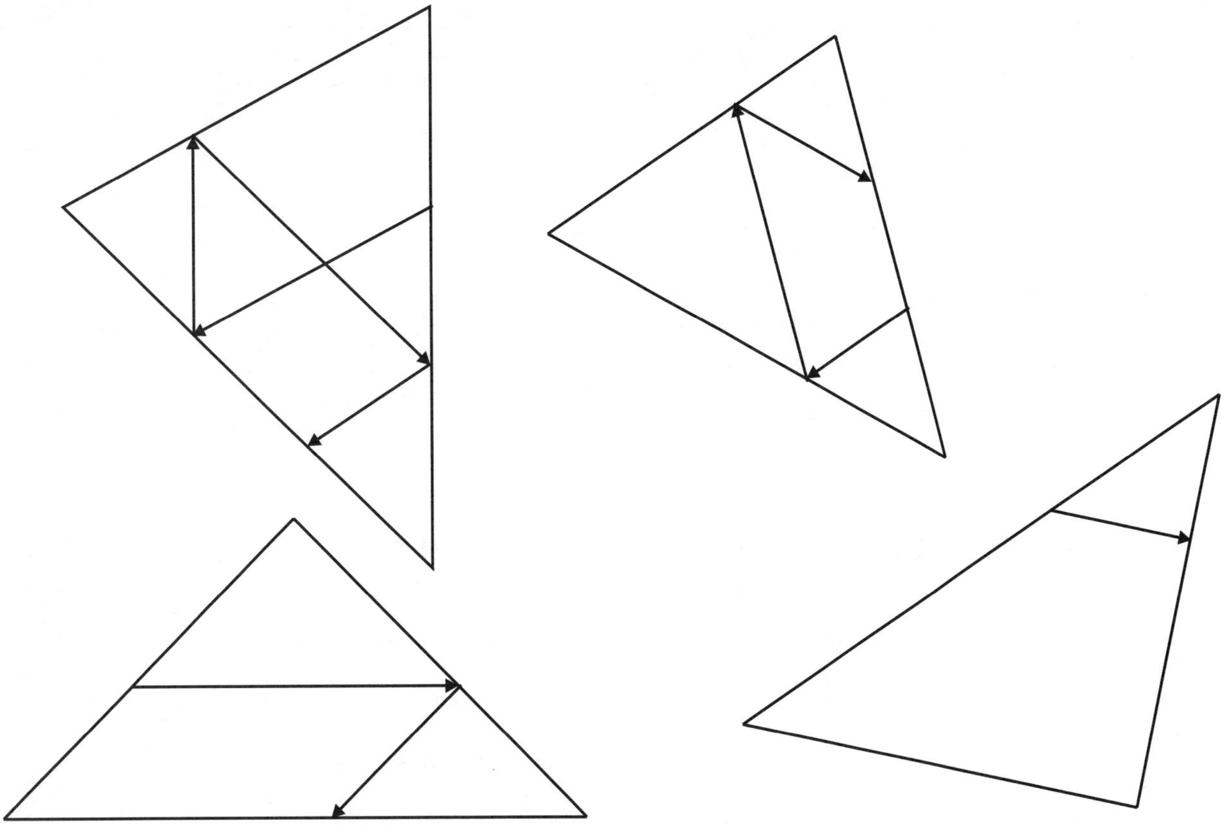

Was hast du entdeckt? ....

....

Probiere es im Heft noch mit anderen Dreiecken.

1. Notiere über eine Woche die Zeiten für deine Hausaufgaben.

	Mo	Di	Mi	Do	Fr	Sa	So
Beginn							
Dauer							
Ende							
Beginn							
Dauer							
Ende							
Dauer insgesamt							

2. Plane deine Hausaufgaben für die nächste Woche. Bedenke, wann du am besten arbeiten kannst. Berücksichtige andere Termine und deinen Schulstundenplan.

	Mo	Di	Mi	Do	Fr	Sa	So
Beginn							
Dauer							
Ende							
Beginn							
Dauer							
Ende							
Dauer insgesamt							

3. Verschaffe dir einen Überblick über regelmäßig wiederkehrende Termine in deiner Freizeit.

	Mo	Di	Mi	Do	Fr	Sa	So
Beginn							
Dauer							
Ende							
Beginn							
Dauer							
Ende							
Dauer insgesamt							

Zeichne mit dem Lineal immer so viele Minuten weiter.

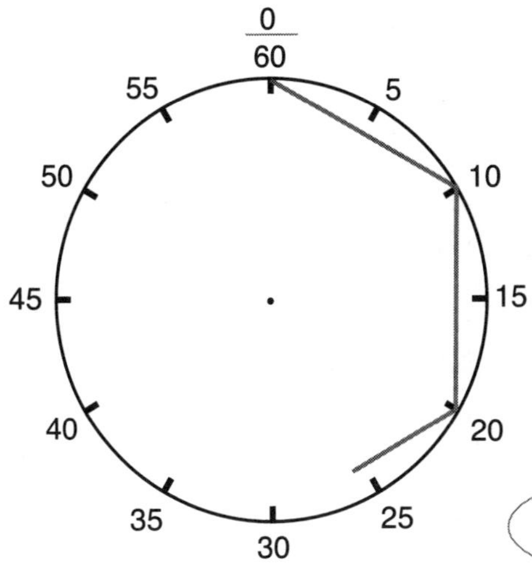

10min

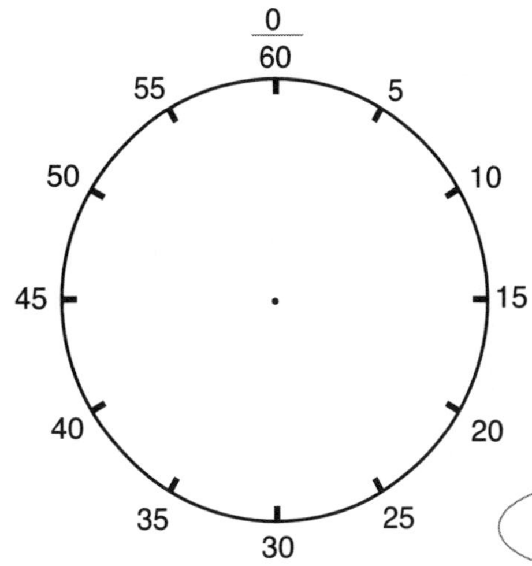

15 min

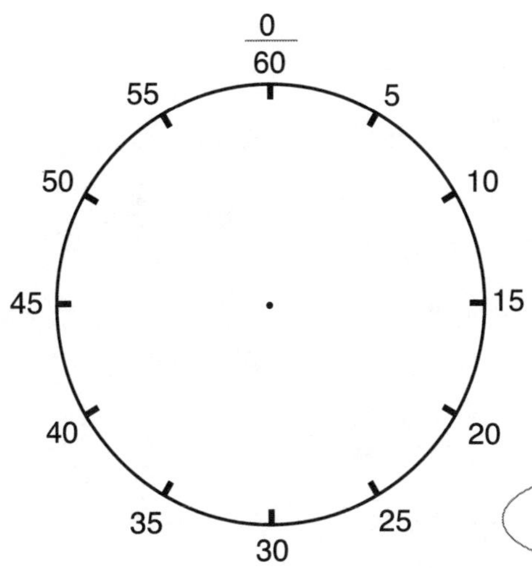

20 min

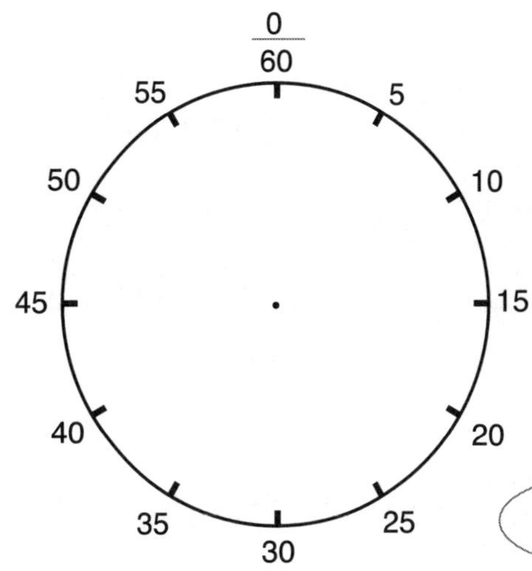

40 min

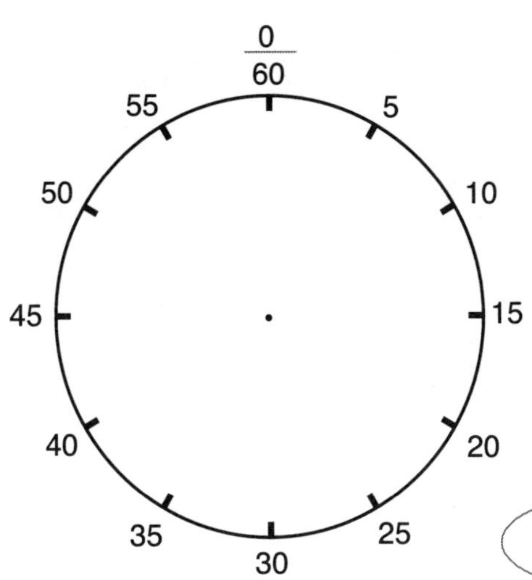

25 min

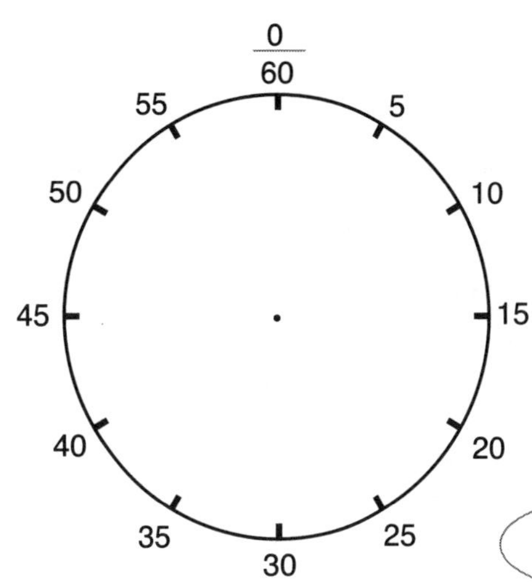

35 min

Das Zehnereinmaleins

1.

3 · 40 = ...	7 · 20 = ...	60 · 3 = ...	60 · 3 = ...
4 · 50 = ...	2 · 30 = ...	70 · 6 = ...	20 · 8 = ...
5 · 70 = ...	9 · 60 = ...	40 · 8 = ...	90 · 9 = ...
6 · 80 = ...	0 · 90 = ...	80 · 9 = ...	30 · 9 = ...

2. Markiere in jedem Fünferblock die leichteste Aufgabe und beginne damit.

306 : 6 = ...	204 : 4 = ...	560 : 5 = ...	330 : 3 = ...
300 : 6 = ...	180 : 4 = ...	475 : 5 = ...	900 : 3 = ...
330 : 6 = ...	100 : 4 = ...	500 : 5 = ...	360 : 3 = ...
294 : 6 = ...	200 : 4 = ...	525 : 5 = ...	288 : 3 = ...
354 : 6 = ...	240 : 4 = ...	450 : 5 = ...	300 : 3 = ...
792 : 8 = ...	450 : 9 = ...	427 : 7 = ...	609 : 3 = ...
384 : 8 = ...	297 : 9 = ...	707 : 7 = ...	484 : 4 = ...
800 : 8 = ...	891 : 9 = ...	70 : 7 = ...	725 : 5 = ...
400 : 8 = ...	189 : 9 = ...	777 : 7 = ...	642 : 6 = ...
888 : 8 = ...	594 : 9 = ...	147 : 7 = ...	644 : 7 = ...

3. Welche Zahl passt nicht? Streiche sie durch und schreibe die richtige Aufgabe.

51 459 9 ~~32~~	8 200 180 25	7 141 147 21	34 136 4 128
459 = 51 · 9	......	......	......
14 120 8 112	19 171 9 188	45 5 225 55	21 147 157 7
......	......	......	......
23 7 31 161	42 336 8 60	9 99 11 999	53 357 371 7
......	......	......	......
49 147 3 148	75 65 10 650	9 22 10 220	36 3 6 18
......	......	......	......

Subtraktion mit HZE am Zahlenstrahl

1. 881 – 200

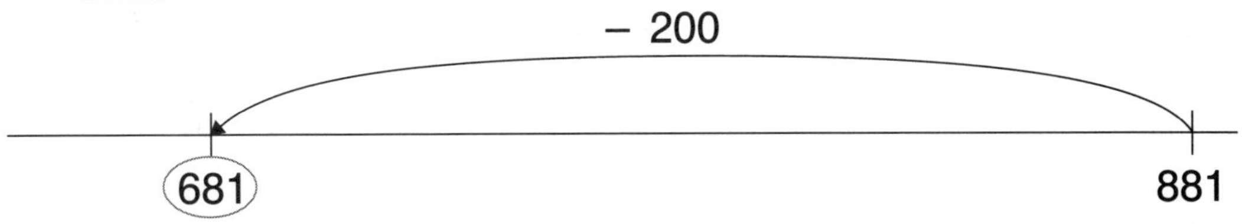

749 – 400

Rechne im Heft weiter so.

671 – 400 = ...	987 – 700 = ...	246 – 100 = ...	584 – 300 = ...
562 – 200 = ...	879 – 600 = ...	468 – 200 = ...	693 – 200 = ...
453 – 300 = ...	798 – 500 = ...	682 – 400 = ...	701 – 400 = ...

2. 793 – 140

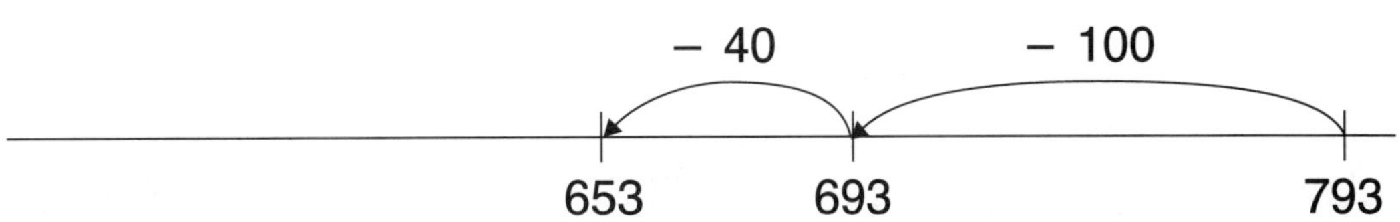

561 – 230

Rechne im Heft weiter so.

761 – 210	845 – 420	957 – 450	678 – 240
816 – 420	738 – 340	795 – 530	434 – 370
905 – 530	629 – 230	579 – 340	312 – 190

3. 423 – 236

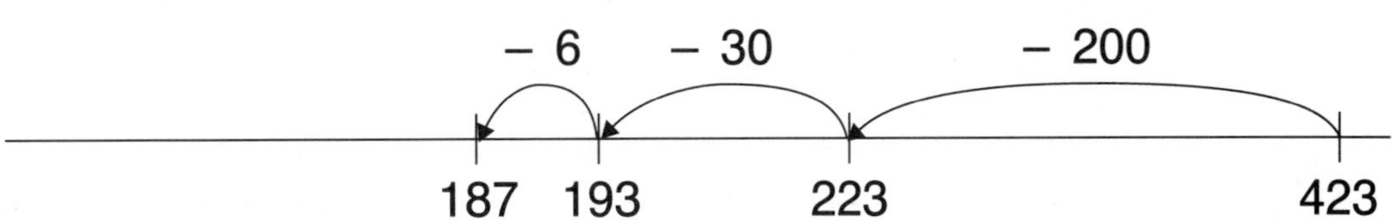

514 – 328

Rechne im Heft weiter so.

567 – 123	987 – 789	809 – 392	297 – 123
789 – 245	876 – 567	984 – 605	381 – 234
456 – 234	765 – 345	655 – 279	423 – 345

1. Rechne aus. Überschlage vorher. Vergleiche Ergebnis und Überschlag.

Ü: 300 : 3 = 100 | 318 : 3 = ______ | Probe: ______

Ü: ______ | 654 : 6 = ______ | Probe: ______

Ü: ______ | 721 : 7 = ______ | Probe: ______

Ü: ______ | 490 : 5 = ______ | Probe: ______

Ü: ______ | 767 : 8 = ______ | Probe: ______

2. Löse diese Aufgaben im Heft. Überschlage auch hier immer vorher.
Vergleiche das Ergebnis mit dem Überschlag: Kann das Ergebnis stimmen?

567 : 9	763 : 7	448 : 8	459 : 9	372 : 6	256 : 8	720 : 6
288 : 9	532 : 4	495 : 5	672 : 6	402 : 3	416 : 8	805 : 7

3. Würfelt zu viert oder zu fünft reihum. Jeder legt nach dem Wurf fest, womit er die Augenzahl multipliziert. Das Ergebnis trägt er in dieser Spalte ein. Wer hat nach fünf Runden die größte Summe?

Name	· 1	· 3	· 5	· 8	· 10	Summe

Ändert einmal die Spielregeln: Jetzt hat der Sieger nach fünf Runden die kleinste Summe.

Rechne schnell.

1.

80 + 45 = ...	60 + 59 = ...	50 + 76 = ...	19 + 30 = ...
90 + 57 = ...	70 + 63 = ...	40 + 85 = ...	28 + 40 = ...
80 + 61 = ...	80 + 56 = ...	60 + 62 = ...	37 + 50 = ...
70 + 54 = ...	90 + 67 = ...	70 + 41 = ...	46 + 60 = ...
90 + 32 = ...	70 + 84 = ...	80 + 38 = ...	55 + 70 = ...

2.

83 + 40 = ...	62 + 50 = ...	54 + 70 = ...	64 + 80 = ...
94 + 50 = ...	79 + 60 = ...	43 + 80 = ...	72 + 90 = ...
85 + 60 = ...	83 + 50 = ...	61 + 60 = ...	82 + 40 = ...
76 + 50 = ...	97 + 60 = ...	77 + 40 = ...	91 + 50 = ...
93 + 30 = ...	76 + 80 = ...	88 + 30 = ...	43 + 60 = ...

3.

182 – 40 = ...	167 – 90 = ...	151 – 70 = ...	421 – 30 = ...
115 – 50 = ...	178 – 60 = ...	144 – 80 = ...	642 – 50 = ...
186 – 60 = ...	149 – 50 = ...	167 – 40 = ...	863 – 70 = ...
171 – 80 = ...	133 – 60 = ...	123 – 40 = ...	284 – 90 = ...
194 – 30 = ...	175 – 80 = ...	186 – 30 = ...	535 – 10 = ...

4.

382 – 40 = ...	567 – 90 = ...	851 – 70 = ...	619 – 20 = ...
515 – 50 = ...	978 – 60 = ...	744 – 80 = ...	761 – 70 = ...
786 – 60 = ...	649 – 50 = ...	367 – 50 = ...	876 – 90 = ...
471 – 80 = ...	233 – 60 = ...	623 – 60 = ...	987 – 20 = ...
694 – 30 = ...	475 – 80 = ...	986 – 80 = ...	198 – 30 = ...

5. Die Mobiles hängen im Gleichgewicht. Trage ein, wie schwer die einzelnen Teile sind.

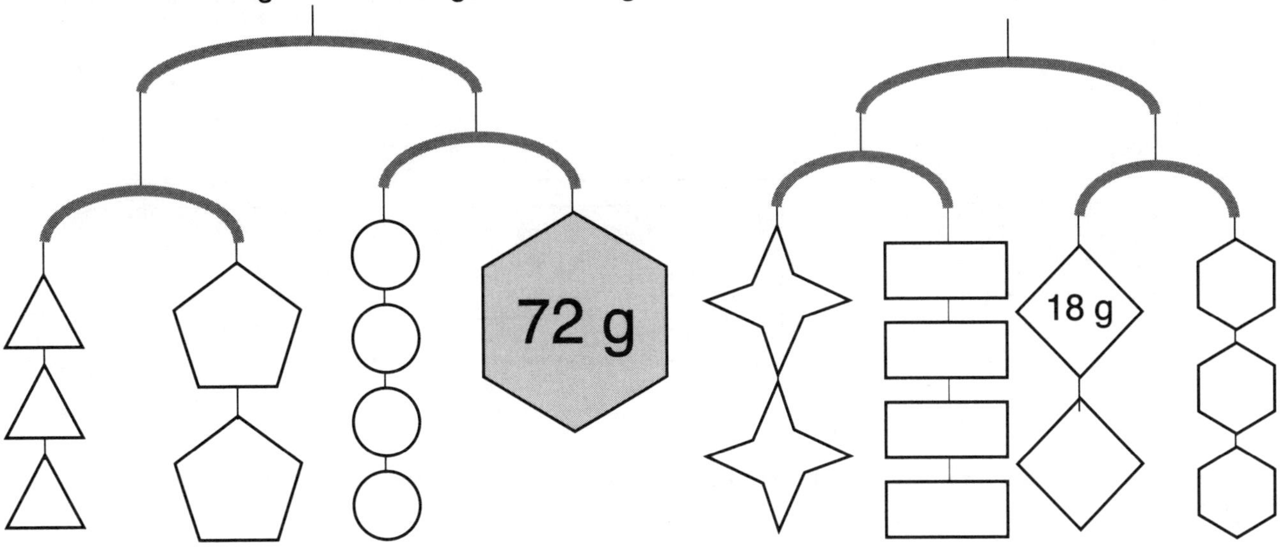

1. Dieses Rechteck sieht fast aus wie ein Quadrat. Es ist aber keins, denn seine Seiten sind 99 m und 96 m lang. Es ist aus vielen Quadraten zusammengesetzt. Die Seiten des grauen Quadrates sind 54 m mal 54 m lang.
Schreibe an jedes Quadrat die Länge seiner Seiten.

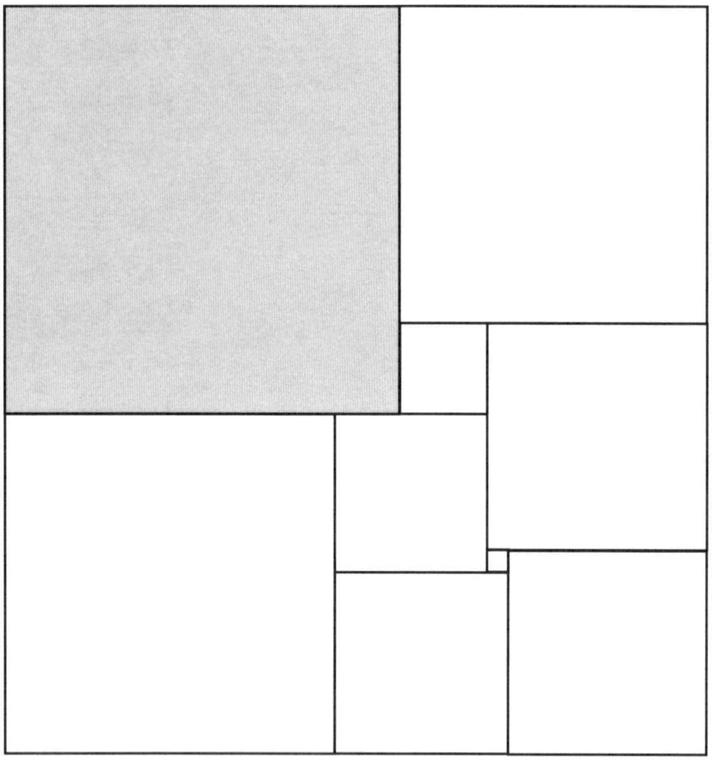

2. Löse diese Aufgaben im Heft. Überschlage auch hier immer vorher.
Vergleiche das Ergebnis mit dem Überschlag: Kann das Ergebnis stimmen?

468 : 9	567 : 7	448 : 8	639 : 9	336 : 6	432 : 8	384 : 6
288 : 9	832 : 4	605 : 5	798 : 6	465 : 3	512 : 8	441 : 7

3. Zerlege das Rechteck in mehrere Quadrate ohne dass ein Rest bleibt!

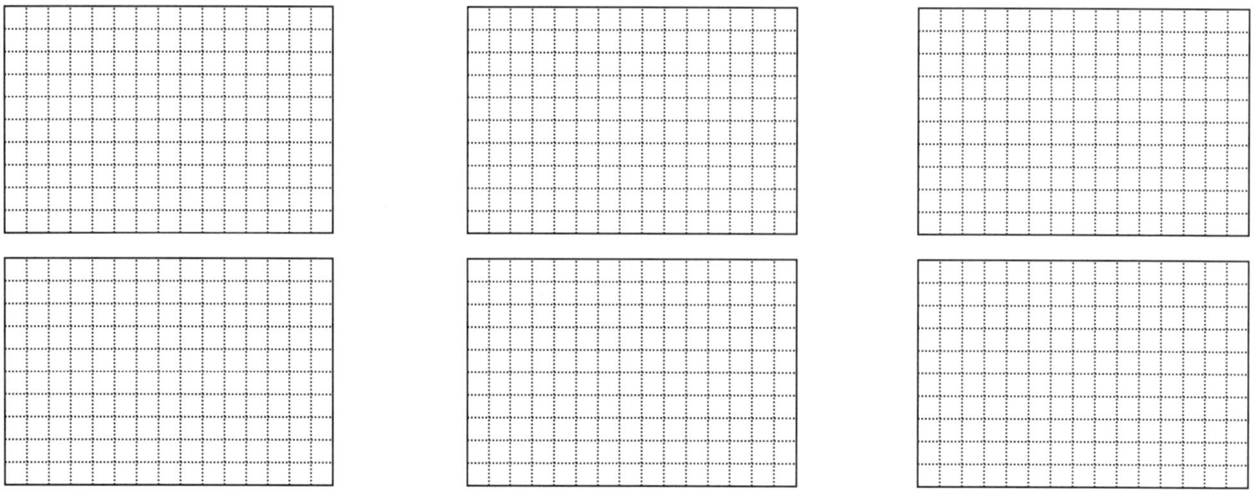

In wie viele Quadrate könnte man dieses Rechteck noch zerlegen? Probiert gemeinsam.
Untersucht auch andere Rechtecke.

1. 1 cm auf der Karte im Buch entspricht in der Wirklichkeit 100 m.
Alle Kinder haben sich beim Eisessen getroffen. Wie weit ist für jeden der Heimweg mindestens? (Wer geht nicht gerne einen Umweg, um noch mit den Freunden zu reden?)

2. In der Sternwartenstraße werden wieder einmal Brücken über den Fluss repariert.
Der Verkehr wird über den Prinzenweg umgeleitet. Wie lang ist der Umweg?

3. Neben Tine ist der Bäcker mit dem besten Streuselkuchen weit und breit. Dorthin geht Anja gerne und fragt nicht danach, wie weit der Weg ist. Weißt du, wie weit er ist?

4. Paul erfährt vom Hausmeister, dass die Klasse 3 am nächsten Tag erst zwei Stunden später zur Schule kommen muss. Er schwingt sich auf sein Fahrrad, fährt bei allen Kindern vorbei und sagt Bescheid. Er will den kürzesten Weg nehmen.
Wie würdest du fahren?

5. Anja geht nach der Schule erst mit Jan Eis essen und dann an der Oper vorbei heim.
Markiere in der Skizze den Eisladen, die Oper und Anjas Wohnung.
Trage auch ein, wie viel Zeit Anja bis dorthin braucht.

Schule — 2 km
0 min — 30 min

6. Zu jeder Skizze ist ein Gebäude angegeben. Markiere die Stelle, wo es längs des Weges ungefähr steht. Trage dann die Entfernung und die Zeiten, die ein Fußgänger ungefähr benötigt, ein. (Ein Fußgänger schafft in einer Stunde ungefähr 4 km.)

Oper: Anja — Oper 900m — 2 km
0 — etwa 15 min — .... min

Strandbad: Lutz — 2 km
0 — .... min

Schule: Paul — 2 km
0 — .... min

Sternwarte: Carola — 2 km
0 — .... min

1. Setze die Rechenzeichen + und – passend ein.

120 … 60 … 7 = 53	190 … 40 … 4 = 234	115 … 90 … 3 = 28
120 … 60 … 7 = 187	190 … 40 … 4 = 146	115 … 90 … 3 = 202
120 … 60 … 7 = 67	190 … 40 … 4 = 226	115 … 90 … 3 = 22
120 … 60 … 7 = 173	190 … 40 … 4 = 154	115 … 90 … 3 = 208

2. Setze + und – passend ein.

180 … 20 … 9 = 209	140 … 70 … 3 = 207	165 … 70 … 3 = 238
180 … 30 … 7 = 157	140 … 10 … 9 = 139	165 … 40 … 8 = 197
180 … 40 … 5 = 135	140 … 30 … 1 = 109	165 … 80 … 7 = 92
180 … 10 … 9 = 199	140 … 20 … 7 = 153	165 … 30 … 2 = 133
180 … 50 … 5 = 225	140 … 90 … 4 = 234	165 … 60 … 6 = 231
180 … 30 … 2 = 148	140 … 40 … 2 = 98	165 … 20 … 4 = 141

3. Markiere ohne genau zu rechnen, wo das Ergebnis größer als 100 ist.

85 + 26	34 + 39	46 + 73	19 + 62	55 + 27	48 + 63
20 + 67	47 + 46	58 + 36	67 + 63	88 + 25	73 + 46
35 + 94	61 + 55	34 + 19	42 + 76	29 + 79	65 + 24
58 + 64	96 + 17	18 + 77	59 + 32	84 + 28	97 + 6
74 + 22	48 + 62	4 + 92	16 + 91	47 + 43	74 + 78

4. Rechne. Die Ergebnisse jeder Zeile ergeben zusammen 100.

7 · 8 = …	100 – 68 = …	600 – 591 = …	36 : 12 = …
563 – 534 = …	320 : 10 = …	4 · 4 = …	91 – 68 = …
321 – 276 = …	630 : 90 = …	23 + 16 = …	450 : 50 = …
480 : 10 = …	230 · 0 = …	1000 – 964 = …	315 – 299 = …

5. Jan baut mit Spielkarten. Wie viele Etagen könnten es werden, falls die Pyramide nicht vorher einfällt?
Wie viele Spielkarten hat er schon verbaut, wie viele braucht er noch?

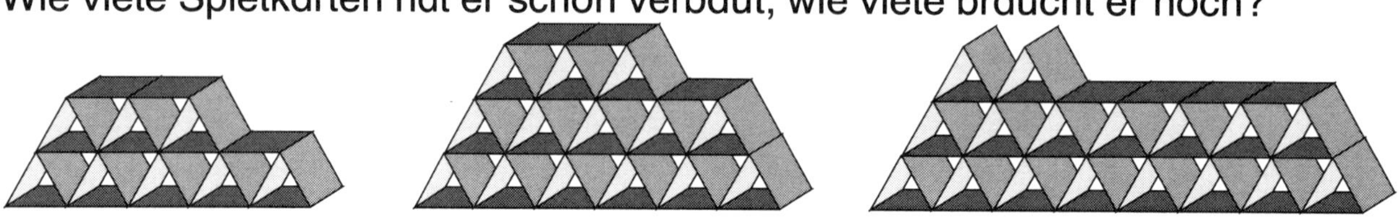

1. Rechne geschickt.

148 + 99

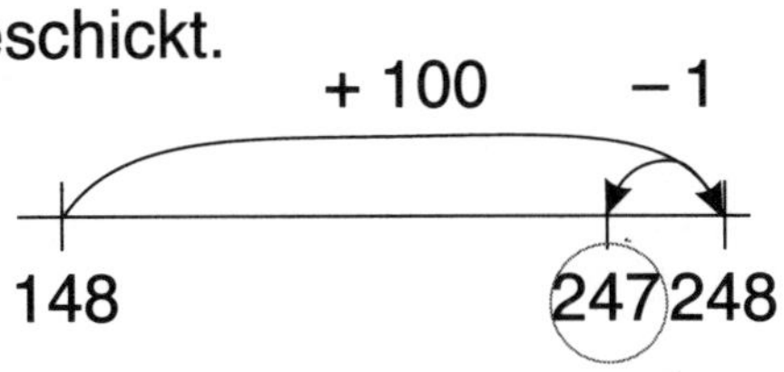

148 + 99	317 − 98
276 − 99	675 + 99
499 − 99	252 + 102
756 + 98	252 + 98
300 − 98	834 − 99
765 + 99	482 − 98
765 − 99	138 + 99
1000 − 102	591 − 99
57 + 98	617 − 98

2.

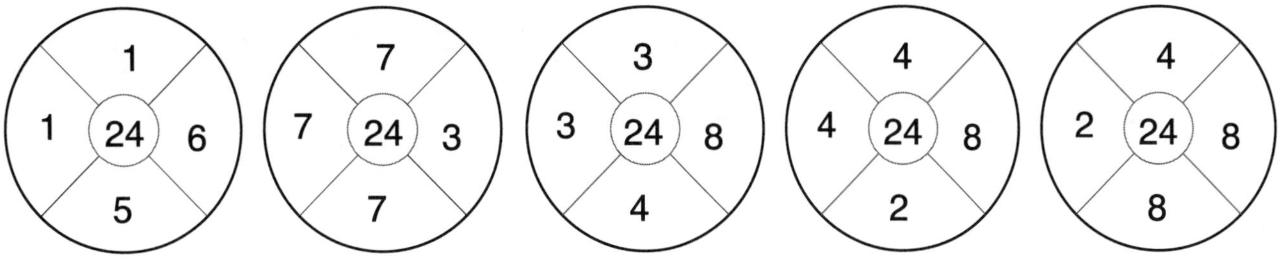

(5 − 1) · 6 · 1

1. 9 · 4 + 2 · 4 = 36 + 8 = 44

6 · 6 – 3 · 9 = ……………

8 · 9 + 3 · 9 = ……………

4 · 8 + 4 · 4 = ……………

9 · 7 + 3 · 8 = ……………

4 · 6 – 1 · 6 = ……………

7 · 8 + 2 · 8 = ……………

3 · 4 + 3 · 5 = ……………

2. Probiere:

8 · 24 = ……………

8 · 20 = ……………

8 · 4 = ……………

9 · 63 = ……………

…… · …… = ……………

…… · …… = ……………

7 · 49 = ……………

…… · …… = ……………

…… · …… = ……………

4 · 29 = ……………

…… · …… = ……………

…… · …… = ……………

8 · 74 = ……………

…… · …… = ……………

…… · …… = ……………

6 · 84 = ……………

…… · …… = ……………

…… · …… = ……………

3 · 76 = ……………

…… · …… = ……………

…… · …… = ……………

0 · 34 = ……………

…… · …… = ……………

…… · …… = ……………

3.

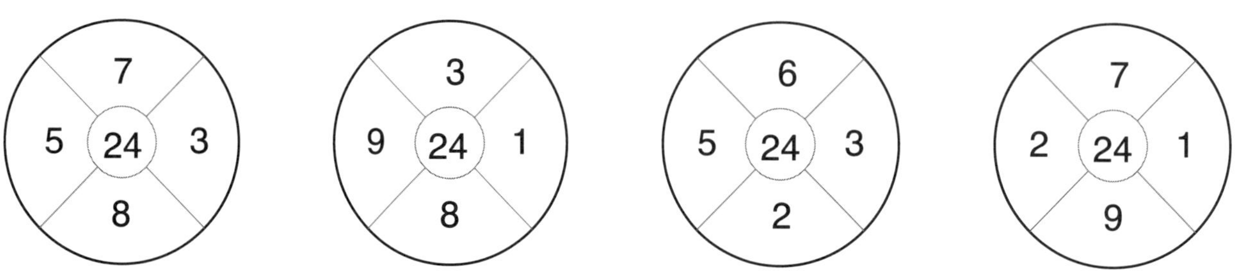

…………… …………… …………… ……………

1. Schneide dir aus Pappe von allen fünf Vierlingen vier Stück aus. Färbe sie verschieden. Zeichne sie dazu erst etwas größer auf Gitterpapier ab und klebe sie auf Pappe.

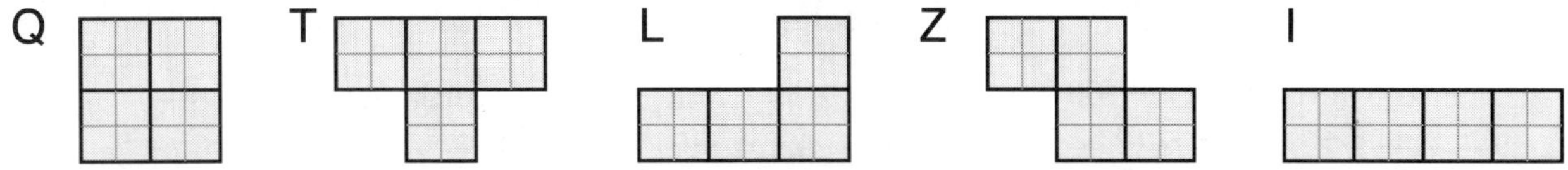

2. Lege mit den Vierlingen diese Figuren nach. Zeichne jeweils ein, wie du gelegt hast. Wo gibt es keine Lösung und wo gibt es mehrere Möglichkeiten? Skizziere im Heft. Wo kommst du mit einer einzigen Sorte Plättchen aus? Trage dort den Buchstaben ein.

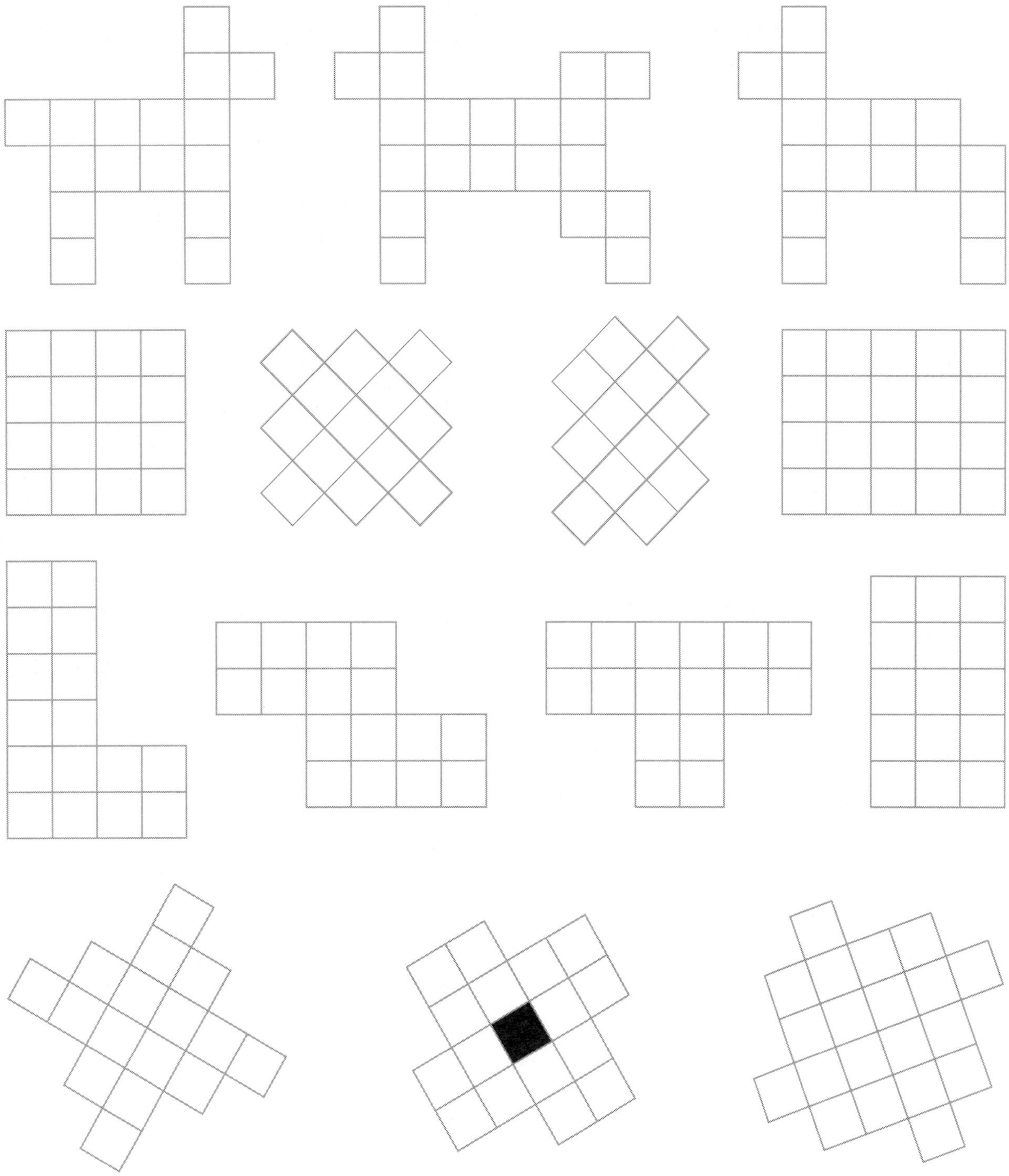

3. Erfinde selbst Figuren, die mit den Vierlingen ausgelegt werden können. Zeichne ins Heft.

1. Wie rechnest du? Du musst das Ergebnis nicht ausrechnen!

	Ich rechne		Ich rechne
Ein Auto verbraucht für 100 km 7,5 Liter Benzin. Es sind 52 Liter im Tank. Das Auto fährt 300 km. Wie viel Liter sind danach noch im Tank?	erst ·, dann –	Herr Vielreich verdient in der Woche 563 Euro. Davon kauft er sich für 36 Euro einen neuen Stuhl und für 58 Euro einen Tisch. Wie viel bleibt ihm noch?	
Der Feldberg im Taunus ist 888 m hoch. Ein Wanderer beginnt seinen Aufstieg bei einer Höhe von 347 m. Dann ist er jede Stunde 100 m höher. Wie hoch ist er nach 3 Stunden ?		In einem Teich leben 8 Forellen und 47 Schleie. 23 Forellen und 12 Schleie werden geangelt. Wie viele Fische sind noch im Teich?	
In einer Familie verbraucht jedes Mitglied am Tag 12 Liter Wasser. Wie viel Liter verbrauchen die vier Personen in einer Woche?		In der Klasse sind 14 Jungen und 12 Mädchen. Zum Schuljahresbeginn kommen 2 Jungen hinzu. Wie viele Jungen sind es jetzt mehr?	
Julian trinkt jeden Tag 0,75 Liter Milch. Wie viel trinkt er im Jahr?		Frau Eitel steht jeden Morgen um 6.15 Uhr auf und kämmt sich 4 Stunden und 35 Minuten ihre Haare. Wie schön ist sie?	

2.

1 ↓	3 ↓	1 →	Ziel
3 →	1 →	1 ↓	2 ↓
3 →	2 ↑	2 ←	2 ←
3 ↑	1 ←	3 ↑	1 ←

1 ↓	3 ↓	2 ←	2 ←
3 →	1 ↓	1 ←	1 ↑
1 ↓	2 →	2 ↑	3 ←
2 →	2 →	1 ↑	Ziel

3. Denke dir zu den Aufgaben passende Texte aus.

$4 \cdot 12 + 17$ ....

....

....

$8 \cdot 15 + 3 \cdot 10$ ....

....

....

$6 \cdot 60 + 5 \cdot 10$ ....

....

....

1. Zeichne weiter. Biege immer im rechten Winkel ab.

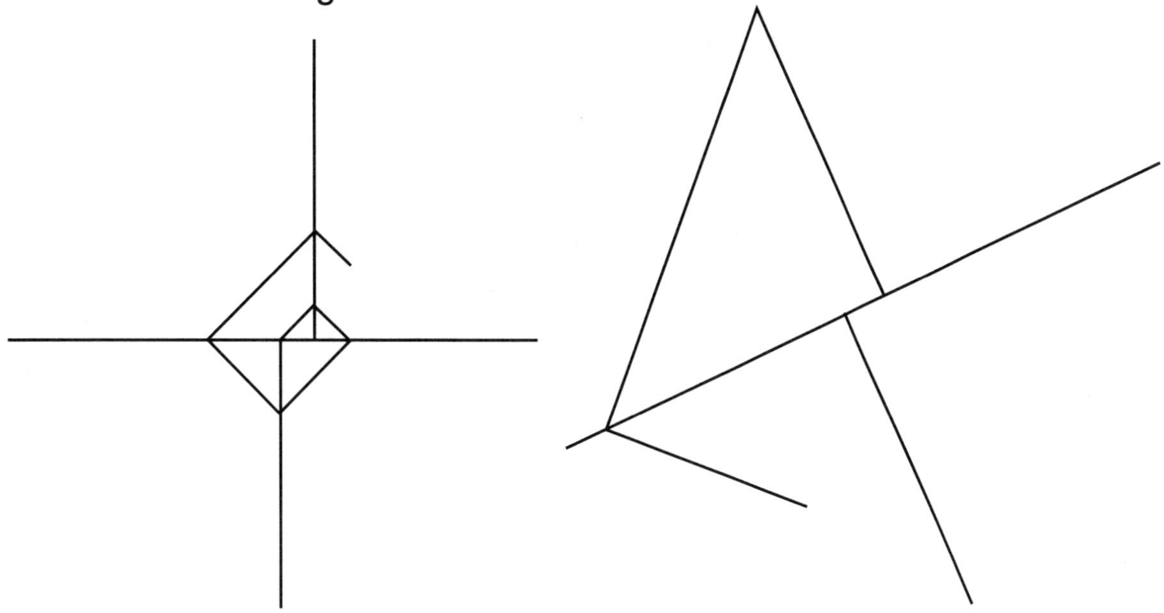

2. Erst schauen, dann rechnen.
Manchmal kannst du erst etwas zusammenfassen.

39 + 16 + 11 = ...	27 + 12 + 22 = ...	13 + 24 + 17 = ...	24 + 13 + 77 = ...
21 + 12 + 39 = ...	36 + 33 + 37 = ...	45 + 17 + 25 = ...	66 + 13 + 14 = ...
33 + 22 + 55 = ...	24 + 32 + 28 = ...	31 + 32 + 33 = ...	23 + 34 + 62 = ...
67 + 15 + 13 = ...	46 + 38 + 21 = ...	27 + 35 + 24 = ...	36 + 74 + 29 = ...
55 + 70 + 45 = ...	23 + 67 + 23 = ...	86 + 44 + 66 = ...	77 + 88 + 33 = ...
39 + 40 + 41 = ...	21 + 22 + 23 = ...	35 + 53 + 65 = ...	41 + 25 + 19 = ...

3. Bei diesen Aufgaben kannst du oft Summanden geschickt zusammenfassen.
Markiere erst diese Summanden passend. Danach rechne aus.

2 + 5 + 7 + 8 + 5 + 4 + 3 + 6 + 9 = ...	1 + 4 + 3 + 6 + 9 + 7 + 5 + 2 + 5 = ...
3 + 6 + 5 + 7 + 5 + 4 + 2 + 1 + 8 = ...	5 + 4 + 1 + 8 + 6 + 5 + 9 + 2 + 3 = ...
7 + 2 + 3 + 8 + 4 + 6 + 5 + 3 + 5 = ...	7 + 4 + 8 + 6 + 3 + 5 + 2 + 9 + 5 = ...

40 + 50 + 70 + 30 + 60 + 20 + 80 = ...	20 + 70 + 80 + 50 + 30 + 60 + 50 = ...
60 + 70 + 30 + 50 + 40 + 80 + 50 = ...	80 + 30 + 60 + 70 + 20 + 50 + 40 = ...
50 + 40 + 80 + 70 + 60 + 50 + 20 = ...	70 + 30 + 80 + 90 + 60 + 20 + 40 = ...

19 + 21 + 35 + 35 = ...	32 + 17 + 28 + 43 = ...	26 + 38 + 22 + 44 = ...
46 + 19 + 44 + 11 = ...	32 + 37 + 28 + 13 = ...	24 + 25 + 26 + 27 = ...
42 + 17 + 18 + 33 = ...	28 + 44 + 39 + 17 = ...	61 + 11 + 12 + 13 = ...
34 + 35 + 36 + 37 = ...	52 + 33 + 17 + 28 = ...	33 + 44 + 66 + 77 = ...

1. Kräftig pusten und schon schweben die Seifenblasen.
Zeichne sie fertig und füge weitere, auch klitzekleine, dazu.

2. Zeichne die Maus nach und erfinde noch andere lustige Gesichter aus Kreisen.

1. Setze mit dem Zirkel die Muster fort.

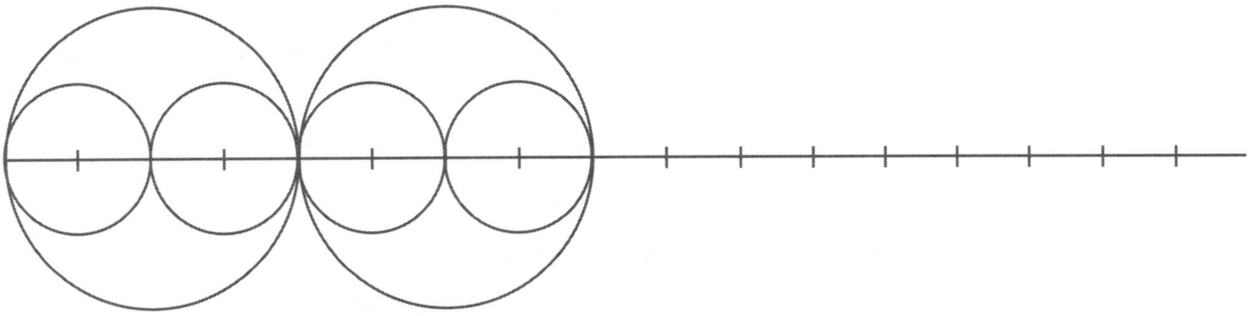

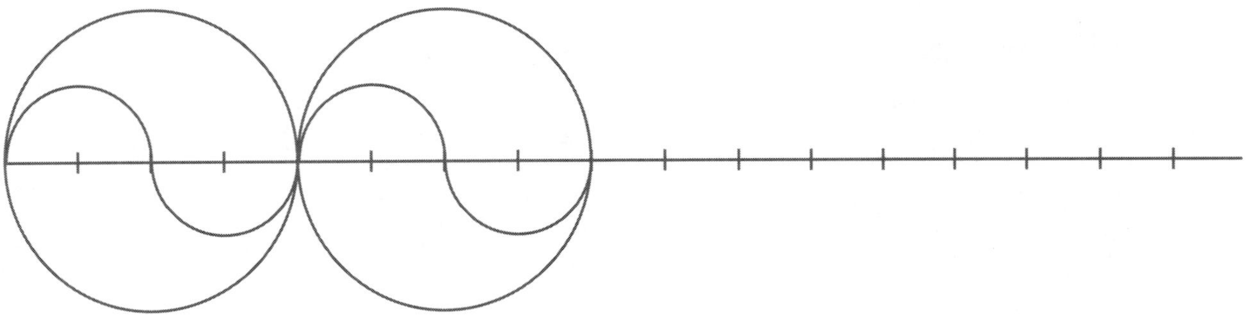

2. Vergrößere diese Figuren.

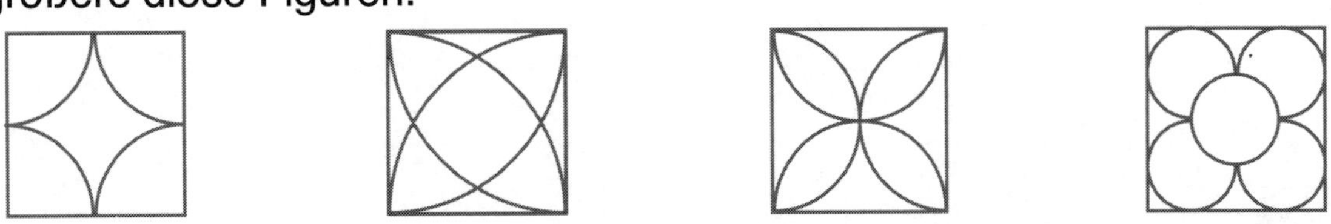

1. Die Kinder haben ihre Autos rollen lassen und die Weiten gemessen. Jeder hatte fünf Versuche. Die drei besten Weiten jedes Autos werden addiert. Gewonnen hat die größte Summe. Tanja hat in einer Tabelle alles aufgeschrieben. Wer belegt welchen Platz?

Name	1. Lauf	2. Lauf	3. Lauf	4. Lauf	5. Lauf	Gesamtweite	Platz
Sven	3,48 m	2,90 m	4,20 m	2,17 m	4,00 m		
Romy	5,03 m	1,21 m	4,71 m	2,56 m	3,77 m		
Katrin	3,47 m	5,11 m	4,69 m	2,88 m	4,99 m		
Tanja	3,11 m	3,04 m	3,17 m	3,10 m	4,29 m		
Holger	2,75 m	5,13 m	4,82 m	3,66 m	2,49 m		
Sascha	1,09 m	5,03 m	4,78 m	3,94 m	5,10 m		
Willi	3,76 m	3,89 m	3,95 m	4,39 m	4,87 m		
Angelika	2,58 m	5,41 m	3,79 m	4,90 m	4,98 m		
Opa Meier	0,79 m	0,56 m	5,13 m	5,38 m	5,07 m		

2. So kannst du die Räder deines Wagens färben. Beim Fahren sieht das interessant aus. Überlege wie es geht, probiere und zeichne jedes Kreismuster sauber darunter ab.

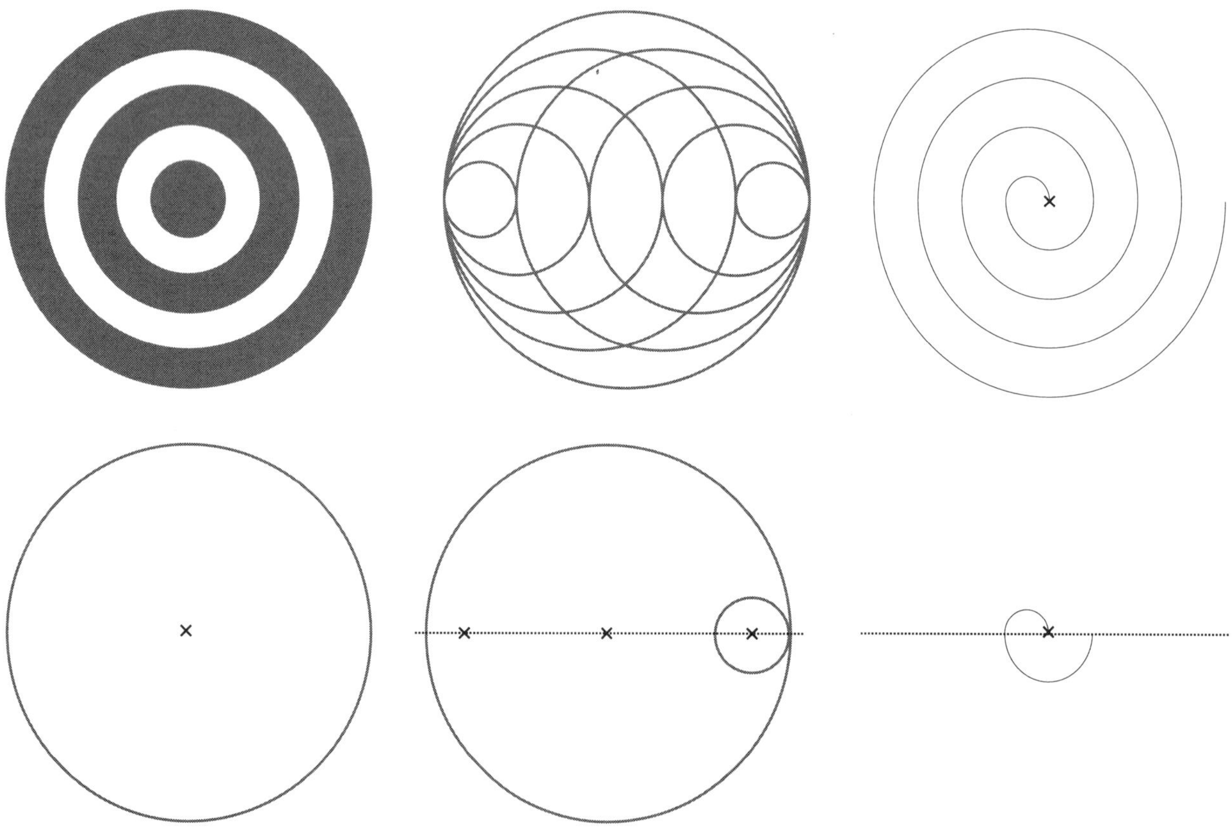

3. Zeichne das Muster weiter. Erfinde mit dem Zirkel noch andere Muster.

1. Welche Rechenzeichen (+, –, · , :) fehlen?

30 – 3 = 3 · 9	7 □ 8 = 70 □ 14	49 □ 7 = 28 □ 4
12 □ 7 = 25 □ 6	5 □ 2 = 70 □ 10	81 □ 9 = 3 □ 3
12 □ 2 = 6 □ 4	5 □ 2 = 70 □ 7	10 □ 10 = 81 □ 19
5 □ 9 = 42 □ 3	5 □ 8 = 10 □ 4	54 □ 6 = 9 □ 1
48 □ 6 = 40 □ 5	3 □ 30 = 6 □ 15	8 □ 9 = 74 □ 2
3 □ 8 = 6 □ 4	44 □ 2 = 33 □ 11	8 □ 6 = 54 □ 6

2.

·	5	9	0
8			
9			
4			

·	3	8	11
3			
6			
12			

·	2	5	7
8			
4			
			42

·		4	
6	18		
12			120
		72	

·	3	6	12
7			
9			
		66	

·			
6	0		
12		48	
9			99

·		6	
	15		9
		48	
5	25		

·			
	49		
		25	
			121

3.

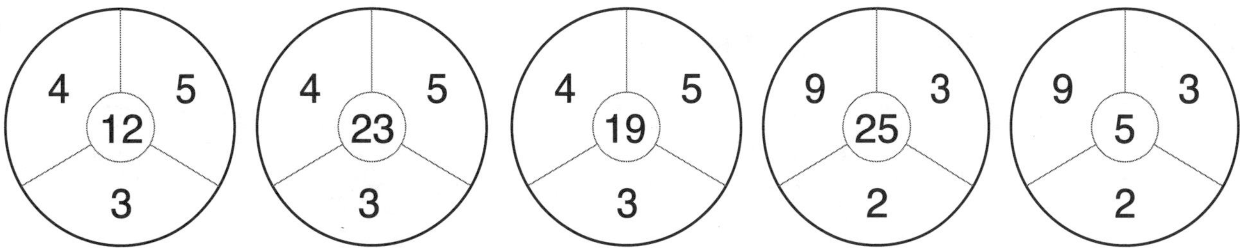

4.

·	13	15	21
4			
8			
2			

·	25	17	41
3			
6			
9			

·		5	10
32	96		
			480
		160	

·	6		
	90		
24			216
19		38	

1. Rechne geschickt.

von 195 bis 317

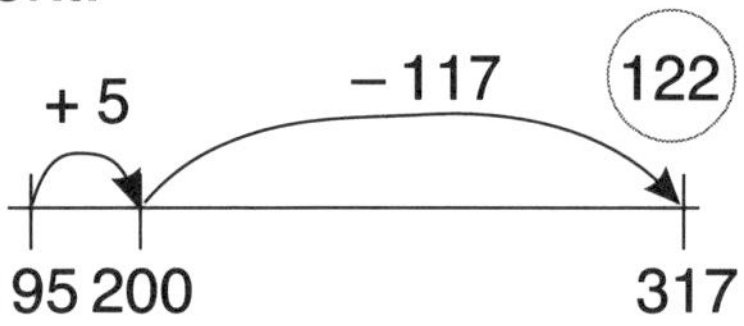

von 219 bis 417 ____________

von 368 bis 500 ____________

von 676 bis 979 ____________

von 418 bis 712 ____________

von 79 bis 503 ____________

von 322 bis 1000 ____________

von 287 bis 307 ____________

von 536 bis 748 ____________

von 491 bis 723 ____________

von 888 bis 978 ____________

von 654 bis 951 ____________

von 123 bis 1000 ____________

von 384 bis 782 ____________

2. Finde verschiedene Pyramiden.

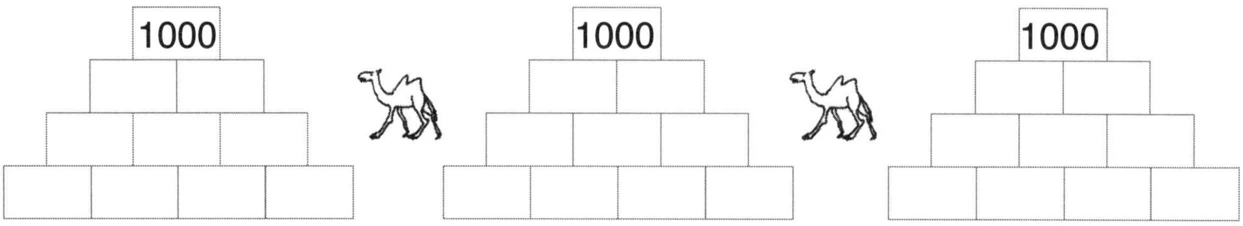

3. Erfinde 3 besondere Pyramiden. Fertige schöne Pyramiden im Heft an.

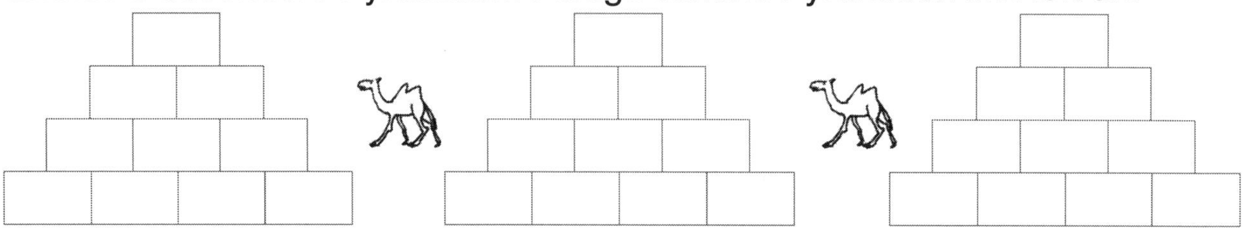

1. Das Spiel „Haus bauen“ 2 Spieler

Denke dir ein Wort aus, sage es aber dem Partner nicht.
Markiere nur die Buchstaben mit Strichen.
Zum Beispiel: das Wort „AMEISE“.

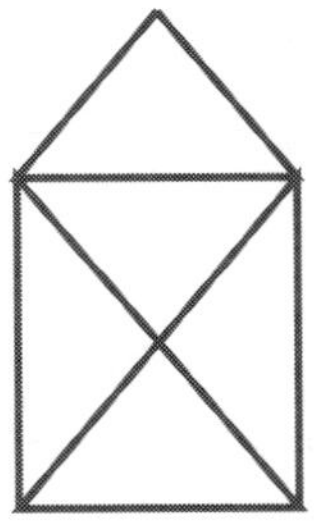

....

Der Partner muss nun Buchstaben raten, die in dem Wort vorkommen. Wenn er das E rät, das ja in dem Wort Ameise vorkommt, dann schreibst du das E an die passende Stelle:

.... E .... E

Wenn er einen Buchstaben nennt, der nicht in dem Wort vorkommt, dann erhält er einen Strich für sein Haus. Nach 8 Fehlversuchen hat dein Partner verloren, Wenn er das Wort vorher errät, hat er gewonnen.

2.

$3 \cdot 5 + 44 =$ ......
$5 \cdot 2 + 68 =$ ......
$6 \cdot 7 - 28 =$ ......
$4 \cdot 9 + 94 =$ ......

$9 \cdot 3 - 8 =$ ......
$2 \cdot 8 - 14 =$ ......
$8 \cdot 7 + 28 =$ ......
$3 \cdot 7 - 17 =$ ......

$5 \cdot 5 + 77 =$ ......
$3 \cdot 6 - 13 =$ ......
$4 \cdot 7 - 17 =$ ......
$9 \cdot 8 + 56 =$ ......

$3 \cdot 7 + 6 \cdot 4 =$ ......
$4 \cdot 8 - 2 \cdot 7 =$ ......
$3 \cdot 9 + 3 \cdot 5 =$ ......
$9 \cdot 2 + 6 \cdot 7 =$ ......

$4 \cdot 5 + 3 \cdot 8 =$ ......
$8 \cdot 8 - 6 \cdot 4 =$ ......
$4 \cdot 9 + 3 \cdot 9 =$ ......
$7 \cdot 2 + 8 \cdot 7 =$ ......

$8 \cdot 4 + 5 \cdot 7 =$ ......
$7 \cdot 7 - 3 \cdot 7 =$ ......
$6 \cdot 3 + 6 \cdot 4 =$ ......
$5 \cdot 6 + 3 \cdot 6 =$ ......

$9 \cdot 4 + 4 \cdot 4 =$ ......
$6 \cdot 6 - 3 \cdot 9 =$ ......
$8 \cdot 9 + 3 \cdot 9 =$ ......
$4 \cdot 8 + 4 \cdot 4 =$ ......

$9 \cdot 7 + 3 \cdot 8 =$ ......
$4 \cdot 6 - 1 \cdot 6 =$ ......
$7 \cdot 8 + 2 \cdot 8 =$ ......
$3 \cdot 4 + 3 \cdot 5 =$ ......

Löse mit einer Tabelle.

1. Herr Ganzreich hat doppelt so viele 10-Euro-Scheine wie 1-Euro-Münzen, und er hat doppelt so viele 100-Euro-Scheine wie 10-Euro-Scheine. Wie viel Geld kann er haben?

2. In den Linienbus steigen bei der 1. Station 5 Personen ein, bei der 2. Station steigen 2 aus, bei der 3. Station wieder 5 ein, bei der 4. Station wieder 2 aus und so weiter. Wie viele Personen sind nach 16 Haltestellen im Bus? Und nach 31 (99)?

3. 2 Geraden schneiden einander höchstens in einem Punkt oder gar nicht. 3 Geraden schneiden in einem 1 Punkt oder in 2 Punkten oder in 3 Punkten oder gar nicht. In wie vielen Punkten schneiden 4 Geraden höchstens? Kannst du vermuten, in wie vielen Punkten 30 (oder 50) Geraden schneiden?

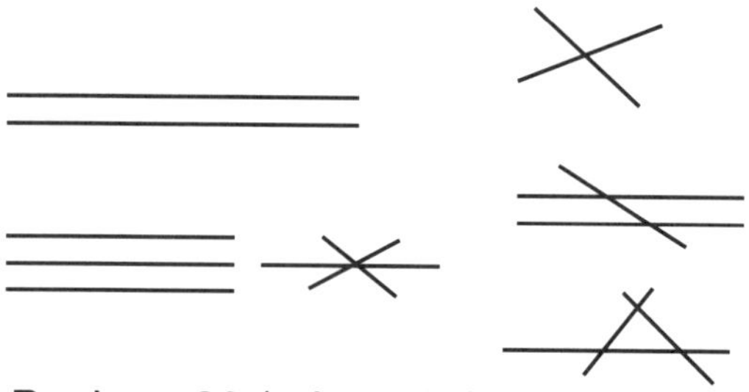

4. Saufze: Du weißt bereits, was ein Saufz ist. Es ist eine Zahl, die sich als Summe aufeinander folgender Zahlen schreiben lässt, zum Beispiel 15 = 4 + 5 + 6, 25 = 3 + 4 + 5 + 6 + 7, 72 = 23 + 24 + 25. Sind alle Zahlen Saufze? Welche nicht?

5. Auf wie viele Weisen kann man zwei Würfel werfen, so dass die Augenzahl durch 3 teilbar ist? Oder durch 2? Oder durch 4?

Überlege, ob du eine Tabelle brauchst.

6. Der Schüler W. Ach hat heute während der Mathestunde 25 Minuten länger geschlafen als er wach gewesen ist.

7. Ein Ball wird von dem „Schiefen Turm von Pisa“ geworfen. Der Turm ist 128 m hoch. Der Ball springt immer halb so hoch, wie er vorher war. Wie viele Meter hat er beim 5. Aufspringen zurückgelegt? Male eine Skizze.

8. Das 40 m lange Kabel wird in zwei Teile zerschnitten. Der erste Teil ist 4 m länger als das Doppelte des zweiten Teils.

9. Ein Elektriker legt das Kabel in 10 min, sein Kollege braucht nur 6 min. Wie lange brauchen beide zusammen?

10. Für einen Kabelgraben brauchen 5 Arbeiter, die ungefähr gleich schnell arbeiten, 8 Stunden. Aber einer wird krank. Wie lange brauchen die anderen für die Arbeit?

11. Der Graben ist 20 m tief. Ein Frosch ist in den Brunnen gefallen und versucht, wieder heraus zu klettern. Jeden Tag krabbelt er 3 m hoch, doch nachts rutscht er wieder 2 m zurück. Wann ist er oben?

12. Mein Alter ist dieses Jahr in der 7er-Reihe, nächstes Jahr ist es in der 5er-Reihe. Wie alt kann ich sein? Was kannst du über mein Alter sagen? Wenn ich älter als 20 und jünger als 60 bin, weißt du es dann genau?

1. Wie kann man die Anzahl der Platten ausrechnen? Finde mehrere Aufgaben.

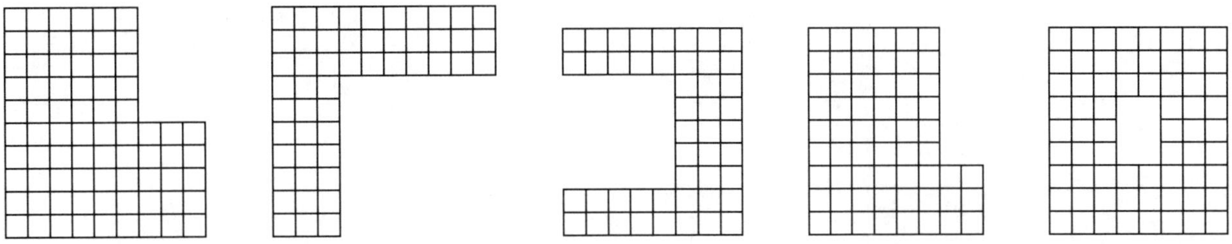

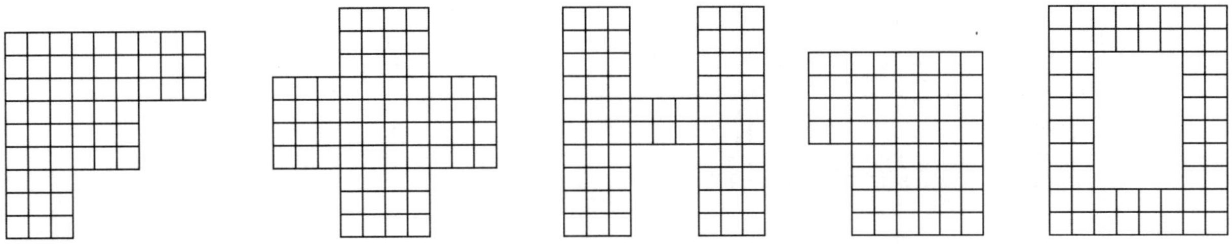

2. Zeichne zu den Aufgaben passende Figuren. Finde mehrere Möglichkeiten.
Finde dann zu jeder Figur noch eine passende Aufgabe.

$9 \cdot 5 - 2 \cdot 3$ $\quad$ $4 \cdot 8 + 3 \cdot 7$ $\quad$ $6 \cdot 9 - 2 \cdot 2$ $\quad$ $8 \cdot 5 - 2 \cdot 2$ $\quad$ $9 \cdot 9 - 8 \cdot 8$

3. Zeichne zu den Aufgaben Figuren ins Heft und setze die Folge fort:
$4 \cdot 4 - 2 \cdot 2$, $5 \cdot 5 - 3 \cdot 3$, $6 \cdot 6 - 4 \cdot 4$, ...

1. Zeichne die nächsten Figuren der Folge. Schreibe passende Aufgaben dazu.

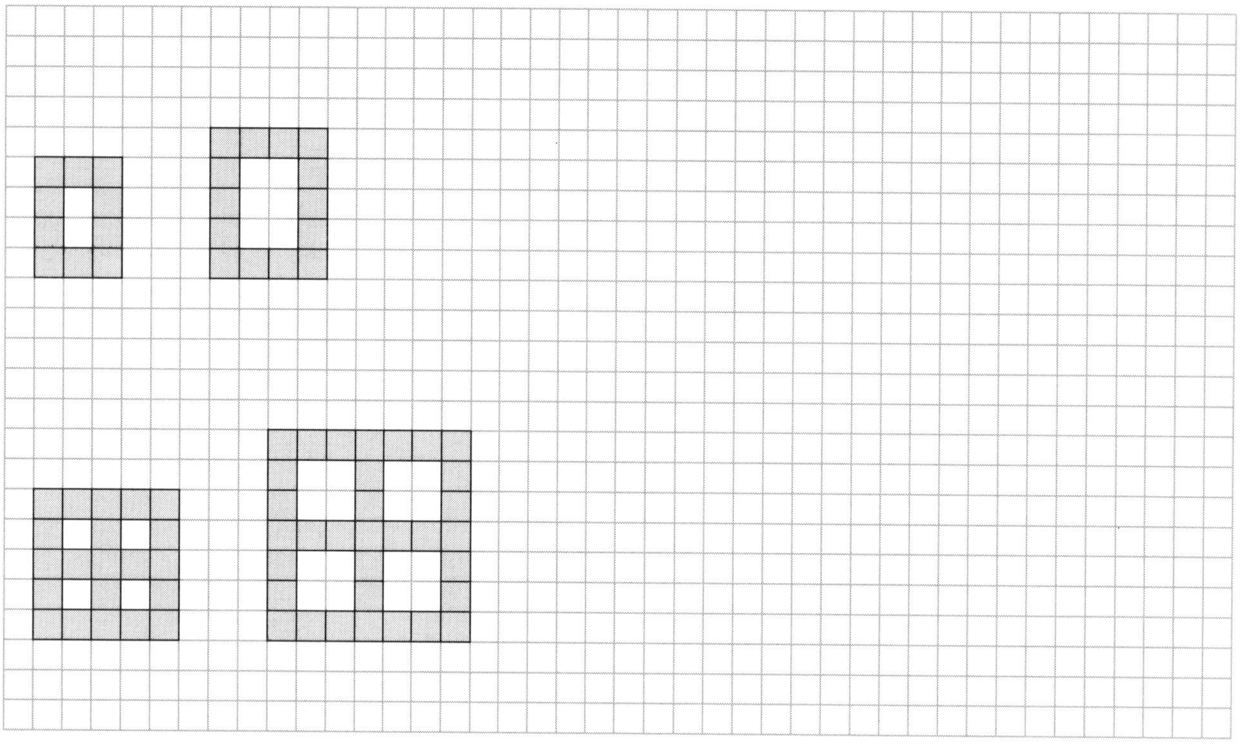

2. Vergleiche die zwei untereinander stehenden Aufgaben. Was entdeckst du beim Rechnen? Zeichne dazu die passenden Figuren.
Siehst du deine Entdeckung auch in der Zeichnung?

$10 \cdot 10 - 1 \cdot 1 =$	$10 \cdot 10 - 2 \cdot 2 =$	$10 \cdot 10 - 3 \cdot 3 =$
$11 \cdot 9 =$	$12 \cdot 8 =$	$13 \cdot 7 =$
$8 \cdot 8 - 1 \cdot 1 =$	$8 \cdot 8 - 2 \cdot 2 =$	
$9 \cdot 7 =$	$10 \cdot 6 =$	

3. Die Mobile hängen im Gleichgewicht. Wie schwer ist jedes Teil.

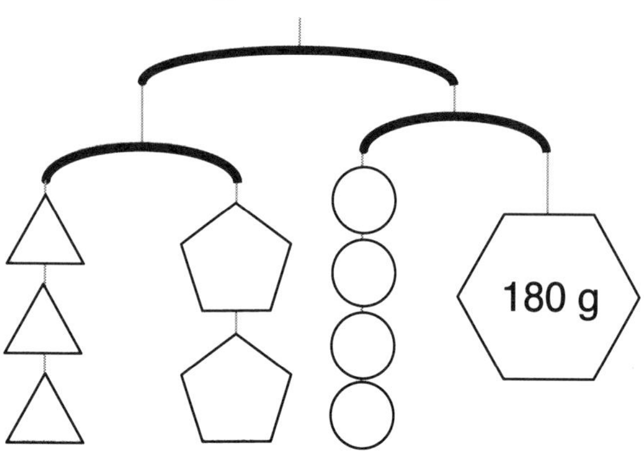

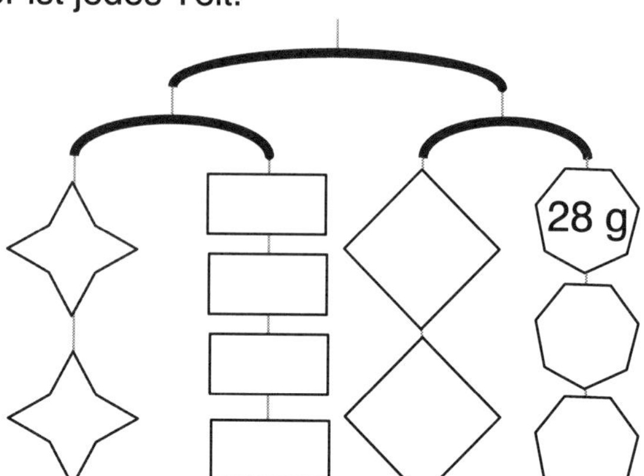

1. < oder > oder = ? Versuche es ohne genaues Rechnen.

225 + 112 < 400
225 + 197 □ 400
225 + 146 □ 400

284 + 112 □ 400
284 + 197 □ 400
284 + 146 □ 400

263 + 112 □ 400
263 + 197 □ 400
263 + 146 □ 400

225 + 263 □ 500
263 + 284 □ 500
225 + 284 □ 500

112 + 146 □ 300
197 + 112 □ 300
146 + 197 □ 300

2. < oder > oder = ? Versuche es ohne genaues Rechnen.

225 – 112 < 100
225 – 197 □ 100
225 – 146 □ 100

284 – 112 □ 100
284 – 197 □ 100
284 – 146 □ 100

263 – 112 □ 100
263 – 197 □ 100
263 – 146 □ 100

263 – 225 < 50
284 – 263 □ 50
284 – 225 □ 50

146 – 112 □ 50
197 – 112 □ 50
197 – 146 □ 50

3. Ist das Ergebnis gerade (g) oder ungerade (u) ?

225 + 112 u
225 + 197 ......
225 + 146 ......

284 + 112 ......
284 + 197 ......
284 + 146 ......

263 + 112 ......
263 + 197 ......
263 + 146 ......

225 + 263 ......
263 + 284 ......
225 + 284 ......

112 + 146 ......
197 + 112 ......
146 + 197 ......

4. Ist das Ergebnis gerade (g) oder ungerade (u) ?

225 – 112 u
225 – 197 ......
225 – 146 ......

284 – 112 ......
284 – 197 ......
284 – 146 ......

263 – 112 ......
263 – 197 ......
263 – 146 ......

263 – 225 ......
284 – 263 ......
284 – 225 ......

146 – 112 ......
197 – 112 ......
197 – 146 ......

1. Welcher Anteil der Fläche ist gefärbt?

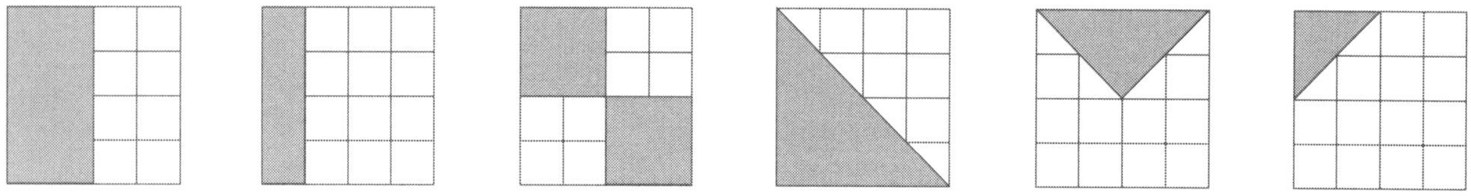

$\frac{1}{2}$ ....

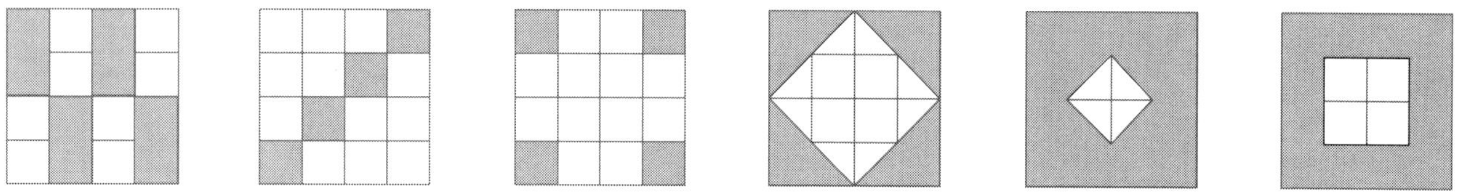

....

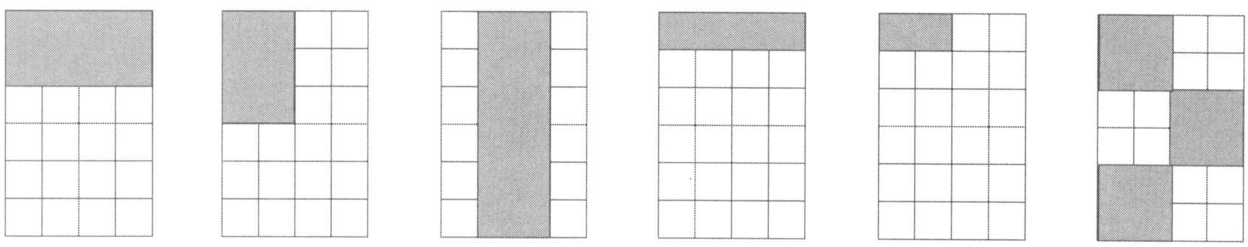

....

2. Bei allen Figuren soll der angegebene Teil der Fläche rot gefärbt werden.
Finde immer mehrere Möglichkeiten. Zeichne dazu im Heft weiter.

$\frac{1}{2}$ $\frac{1}{2}$ $\frac{1}{3}$ $\frac{1}{3}$ $\frac{1}{4}$

$\frac{1}{4}$ $\frac{1}{6}$ $\frac{1}{6}$ $\frac{3}{4}$ $\frac{3}{4}$

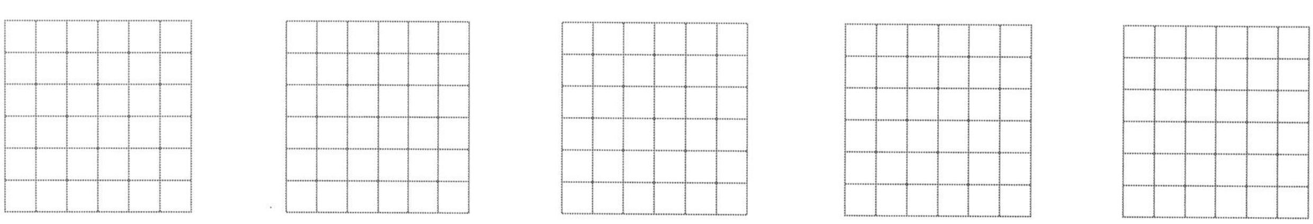

$\frac{2}{3}$ $\frac{5}{6}$ $\frac{3}{3}$ $\frac{4}{4}$ $\frac{1}{8}$

1. Die Stadtmusikanten marschieren nach Bremen. Markiere am Weg diese Stellen: Der Hund hat ein Drittel des Weges nach Bremen geschafft und die Katze doppelt so viel. Der Esel hat die Hälfte des Weges zurückgelegt und der Hahn erst ein Viertel. Nach drei Viertel des Weges geht es über eine alte Brücke. Vor dem letzten Sechstel des Weges lauert ein Räuber.

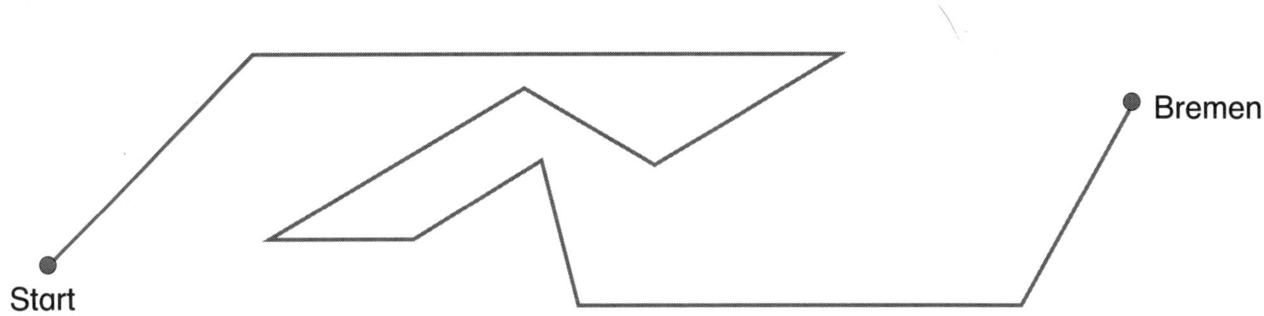

2. Trage ein, welchen Teil des Weges die Kinder schon zurückgelegt haben. Wie lange braucht jedes Kind bis zum Kino?

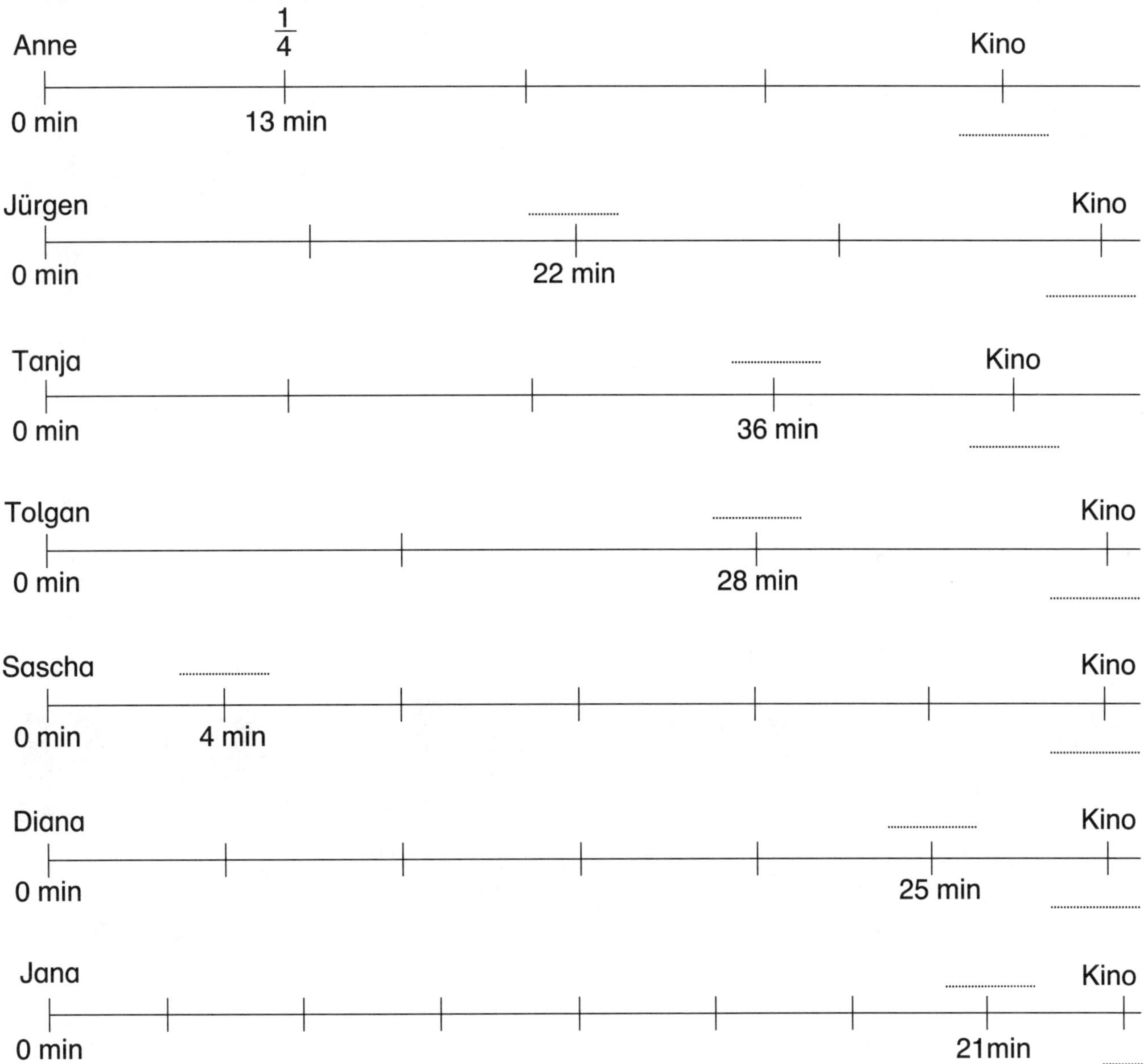

1. Schreibe auf, wie viel von der Pizza noch übrig ist.

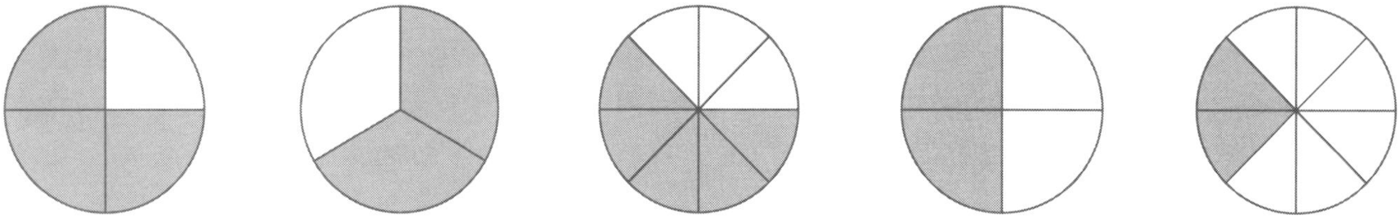

$\frac{3}{4}$	…………	…………	…………	…………

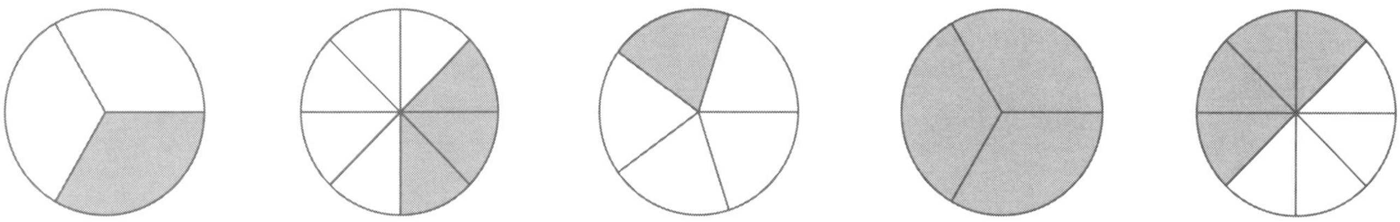

…………	…………	…………	…………	…………

2. Der Bruch gibt an, wie viel von der Pizza übrig ist. Schätze ab und markiere diesen Teil.

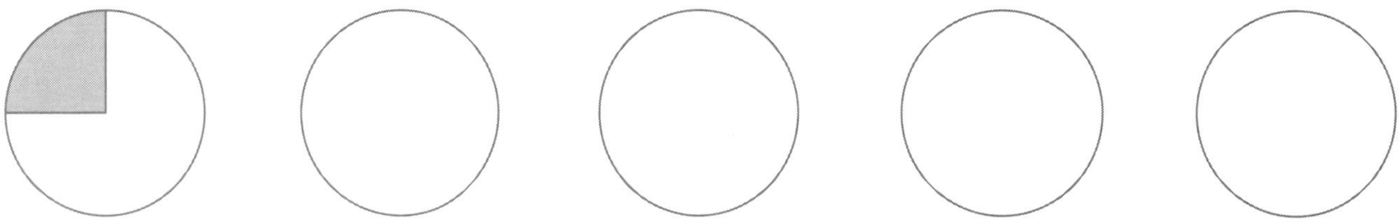

$\frac{1}{4}$	$\frac{3}{4}$	$\frac{1}{3}$	$\frac{1}{6}$	$\frac{1}{2}$

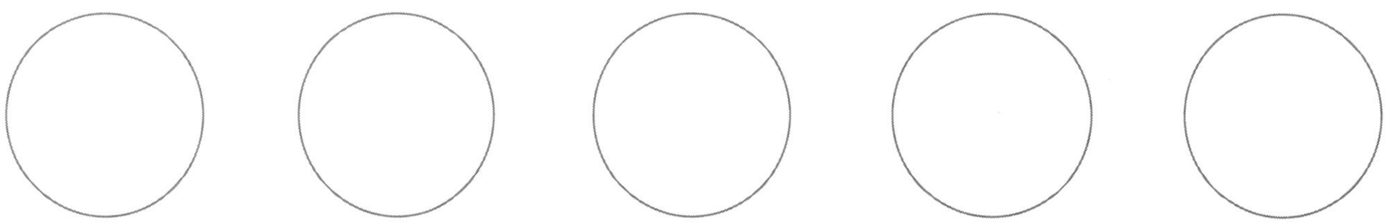

$\frac{2}{3}$	$\frac{4}{6}$	$\frac{2}{8}$	$\frac{3}{6}$	$\frac{2}{6}$

3. Wie viel Pizza bekommt jedes Kind?

 ………… Pizza	 ………… Pizza	 ………… Pizza	 ………… Pizza
 ………… Pizza	 ………… Pizza	 ………… Pizza	 ………… Pizza

1. Falte mit Papier und schreibe an alle Torten- und Kuchenportionen den richtigen Preis.

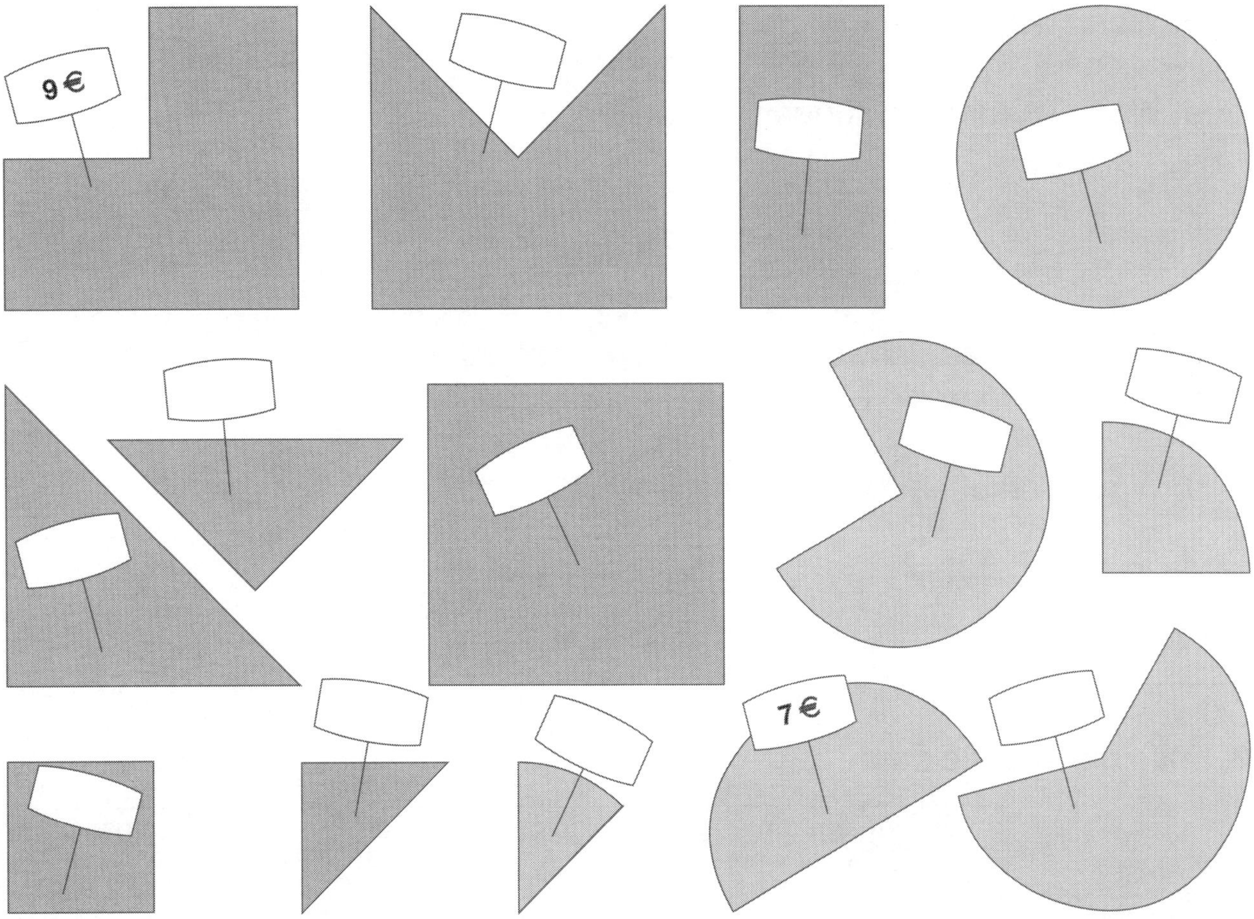

2. Hier sind verschiedene Strecken verkleinert dargestellt.
Markiere die Hälfte, ein Drittel, zwei Drittel, ein Viertel, zwei Viertel und drei Viertel der Strecken. Schreibe immer darunter, wie weit das jeweils in Wirklichkeit ist.

Sascha — $\frac{1}{2}$ — Strandbad

0 — .... — 6 km

Diana — Bäcker

0 — 300 m

Torsten — Schule

0 — 1200 m

Doreen — Kino

0 — 4,5 km

1. Die Küken einer Blaumeise schlüpften am 18. Mai.
a) Wann wurden die Eier gelegt?

b) Wann wurden die Jungen selbstständig?

18. Mai

2. Die Küken eines Schwans schlüpften am 27. Juni.
a) Wann wurden die Eier gelegt?

b) Wann verließen die Jungen das Nest?

27. Juni

3. Fülle die Tabelle aus.

	Eier gelegt am:	Küken geschlüpft am:	Nest verlassen am:
Amsel	17. Mai		
Amsel		18. Juni	
Blaumeise			29. Juni
Blaumeise	13. April		
Eichelhäher			14. Juli
Eichelhäher		23. Mai	
Schwan	21. Mai		

4. Kuckuckseier! Welches Ei passt nicht? Markiere es.

Große und kleine Vögel

1. Trage die Länge der Vögel im Maßstab 1:10 ein.

0 50 100 120 cm

Girlitz 0

Goldhähnchen 0

Bartgeier 0

Weißstorch 0

Zaunkönig 0

Uhu 0

Kranich 0

Auerhahn 0

Steinadler 0

Schwanzmeise 0

2. Kuckuckseier! Welches Ei passt nicht? Markiere es.

1.

$\frac{1}{2}$ h = 30 min	$3\frac{3}{4}$ h = …… min	$2\frac{1}{2}$ min = …… s	$\frac{1}{4}$ min = …… s
$\frac{3}{4}$ h = …… min	$6\frac{1}{2}$ h = …… min	$4\frac{1}{2}$ min = …… s	$3\frac{1}{2}$ min = …… s
$\frac{1}{4}$ h = …… min	$8\frac{1}{4}$ h = …… min	$5\frac{1}{2}$ min = …… s	$\frac{3}{4}$ min = …… s
$1\frac{1}{4}$ h = …… min	$8\frac{1}{4}$ h = …… min	$11\frac{1}{2}$ min = …… s	$2\frac{1}{4}$ min = …… s
$3\frac{3}{4}$ h = …… min	$5\frac{1}{4}$ h = …… min	$7\frac{1}{2}$ min = …… s	$4\frac{3}{4}$ min = …… s

2.

$\frac{3}{4}$ Jahr = …… Mon.	$5\frac{1}{2}$ Jahr = …… Mon.	$\frac{3}{4}$ Tag = …… h	1 Tag = …… h
$1\frac{1}{4}$ Jahre = …… Mon.	$1\frac{1}{2}$ Jahre = …… Mon.	$2\frac{1}{2}$ Tage = …… h	$1\frac{1}{2}$ Tage = …… h
$\frac{1}{2}$ Jahr = …… Mon.	9 Jahre = …… Mon.	7 Tage = …… h	$\frac{1}{2}$ Tag = …… h
$\frac{1}{3}$ Jahr = …… Mon.	$3\frac{1}{2}$ Jahre = …… Mon.	5 Tage = …… h	5 Tage = …… h
$3\frac{3}{4}$ Jahre = …… Mon.	$8\frac{3}{4}$ Jahre = …… Mon.	$3\frac{1}{2}$ Tage = …… h	$\frac{3}{4}$ Tag = …… h

3.

$\frac{1}{4}$ kg = 250 g	$\frac{1}{2}$ m = …… cm	$\frac{1}{4}$ km = …… m
$\frac{1}{2}$ kg = …… g	$\frac{3}{4}$ m = …… cm	$1\frac{1}{2}$ km = …… m
$\frac{1}{8}$ kg = …… g	$1\frac{1}{4}$ m = …… cm	$\frac{3}{4}$ km = …… m
$\frac{3}{4}$ kg = …… g	$\frac{1}{2}$ m = …… cm	$\frac{1}{8}$ km = …… m
$\frac{1}{8}$ kg = …… g	$3\frac{3}{4}$ m = …… cm	$3\frac{1}{2}$ km = …… m

4. Ralf hat in 4 Monaten Geburtstag, Erika in einem Vierteljahr.

5. Elke hat einen Stoffhund. Er ist 45 cm lang. Sein Schwanz ist halb so lang wie sein Körper.

6. Ümit fährt mit dem Rad zum Schloss. Er braucht heute eine Viertelstunde. Gestern hat er 20 Minuten gebraucht.

7. Eine Runde auf dem Sportplatz ist 400 Meter lang.
Selina läuft $1\frac{1}{2}$ Runden. Sarah schafft 1000 m. Anja läuft $2\frac{1}{4}$ Runden.

1. Wie viel g wiegen die Sachen?

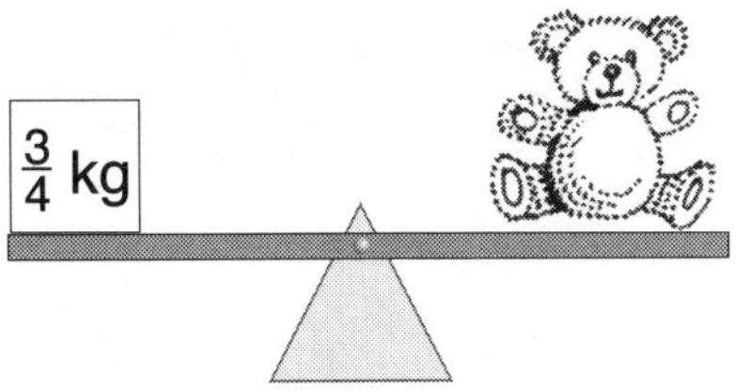

750 g

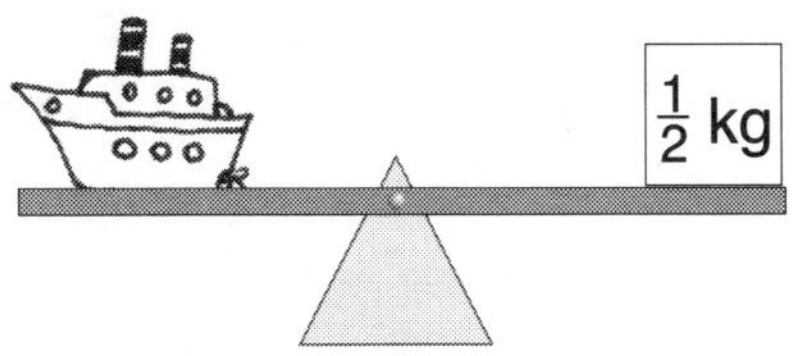

.... g

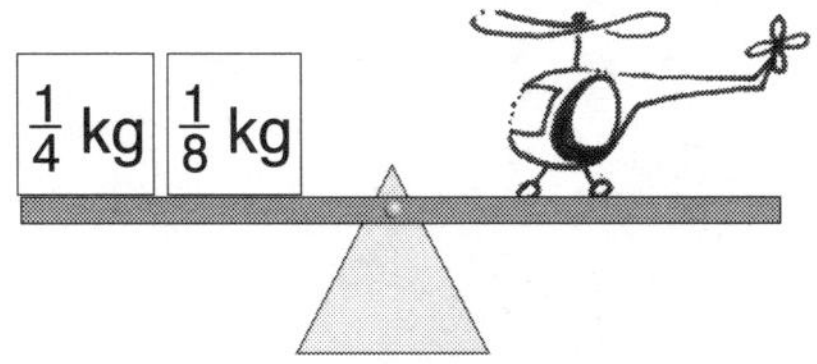

.... g

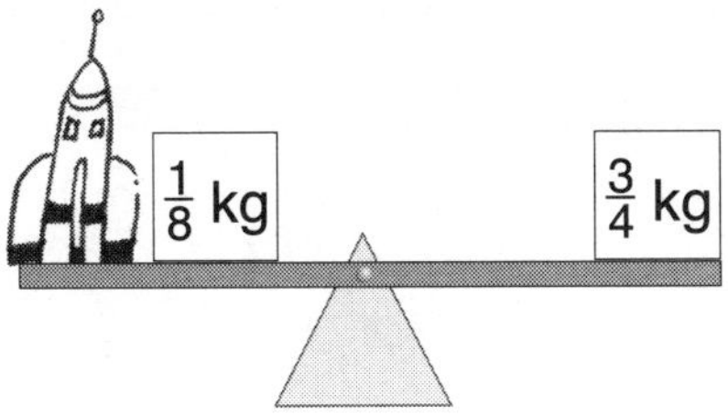

.... g

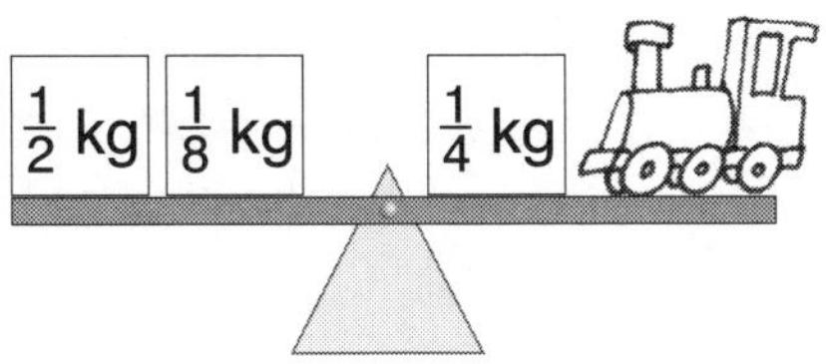

.... g

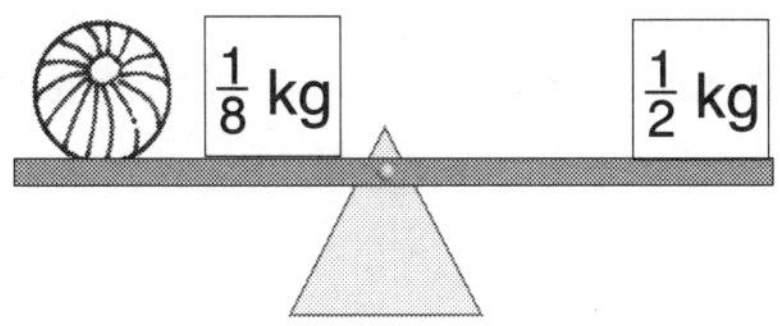

.... g

2. < oder > oder = ?

$\frac{1}{2}$ kg [>] 375 g	$\frac{1}{4}$ m [ ] 59	$1\frac{1}{4}$ h [ ] 75 min
$\frac{1}{4}$ kg [ ] 310 g	$1\frac{1}{2}$ m [ ] 136	$\frac{3}{4}$ h [ ] 62 min
$\frac{1}{8}$ kg [ ] 218 g	$\frac{3}{4}$ m [ ] 64	$\frac{3}{4}$ h [ ] 15 min
$\frac{1}{2}$ kg [ ] 500 g	$1\frac{1}{4}$ m [ ] 125	$2\frac{1}{4}$ h [ ] 140 min
$\frac{3}{4}$ kg [ ] 736 g	$\frac{1}{2}$ m [ ] 50	$1\frac{1}{2}$ h [ ] 100 min
$\frac{1}{8}$ kg [ ] 125 g	$\frac{1}{4}$ m [ ] 23	$1\frac{3}{4}$ h [ ] 110 min

3. < oder > oder = ?

[>]

[ ]

[ ]

[ ]

[ ]

[ ]

Rechnen mit Ziffernplättchen

1. Bilde die beiden möglichen Zahlen und subtrahiere die kleinere von der größeren Zahl.

⑤ ⑧ 85 – 58 = 27	○ ○ ______	○ ○ ______
③ ⑦ 73 – 37 = ______	○ ○ ______	○ ○ ______
⑨ ② 92 – 29 = ______	○ ○ ______	○ ○ ______
⑥ ① ______	○ ○ ______	○ ○ ______

Was fällt dir auf? ______

2. Lege drei passende Plättchen und schreibe die Aufgabe auf.

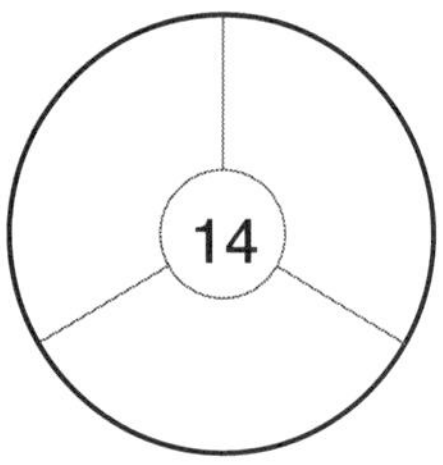

8 + 9 – 3 = 14

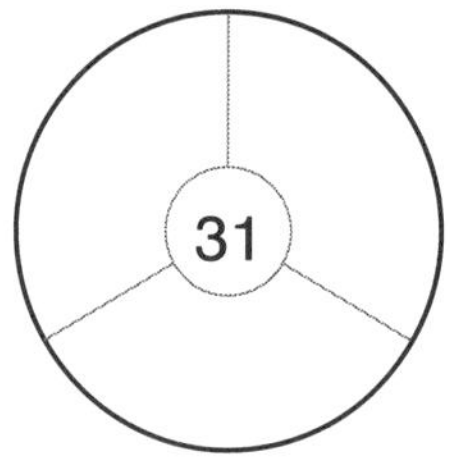

___ · ___ – ___ = ___

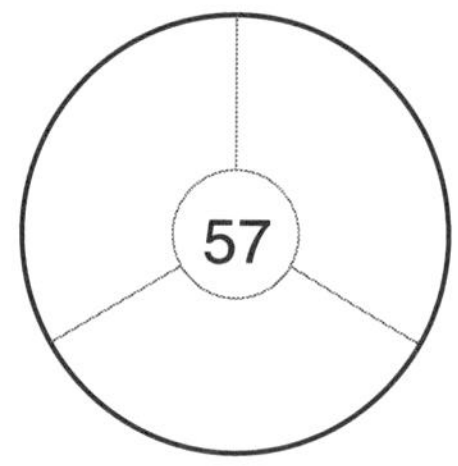

___ · ___ + ___ = ___

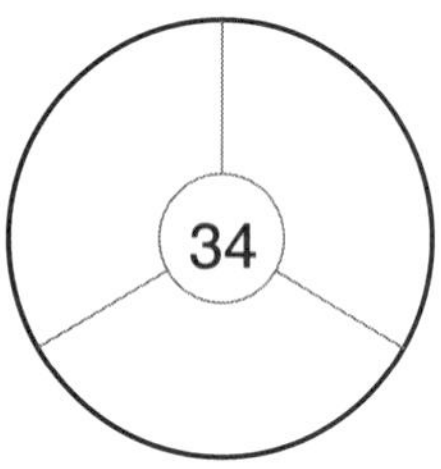

___ · ___ – ___ = ___

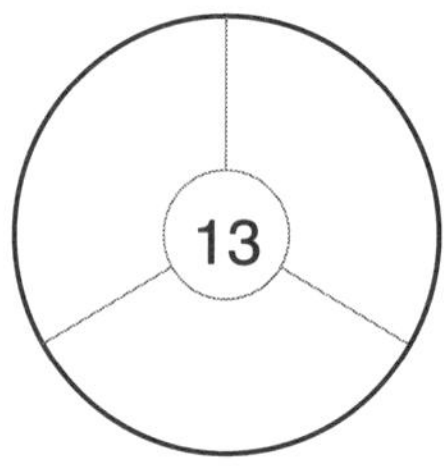

___ : ___ + ___ = ___

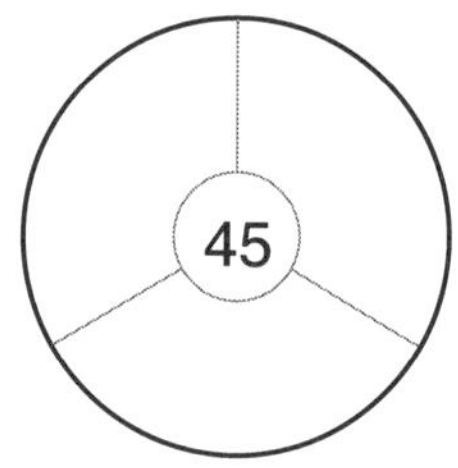

___ · ___ + ___ = ___

Schau genau hin. Rechne aus.

3.

400 + 4 = ___	770 + 7 = ___	606 + 60 = ___
404 + 40 = ___	700 + 7 = ___	660 + 6 = ___
440 + 40 = ___	707 + 70 = ___	600 + 6 = ___
404 + 4 = ___	770 + 70 = ___	606 + 6 = ___
440 + 4 = ___	700 + 70 = ___	660 + 60 = ___
400 + 40 = ___	707 + 7 = ___	600 + 60 = ___

4.

307 + 20 = ___	640 + 3 = ___	208 + 70 = ___
730 + 20 = ___	406 + 30 = ___	802 + 7 = ___
703 + 2 = ___	460 + 30 = ___	820 + 7 = ___
370 + 20 = ___	604 + 30 = ___	208 + 7 = ___
730 + 2 = ___	604 + 3 = ___	280 + 70 = ___
307 + 2 = ___	460 + 3 = ___	820 + 70 = ___
370 + 2 = ___	640 + 30 = ___	280 + 7 = ___
703 + 20 = ___	406 + 3 = ___	802 + 70 = ___

Verzerrte Monster

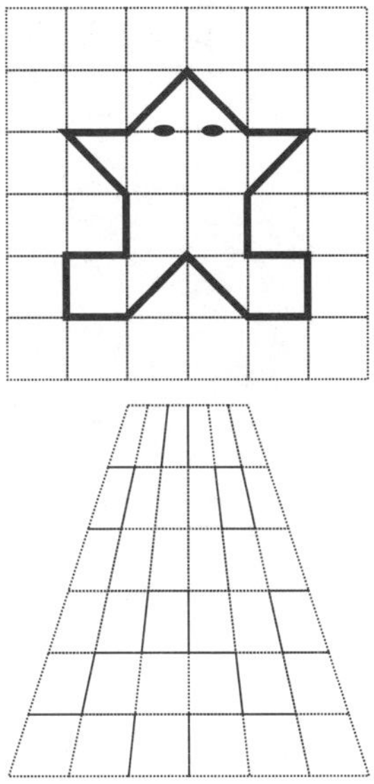
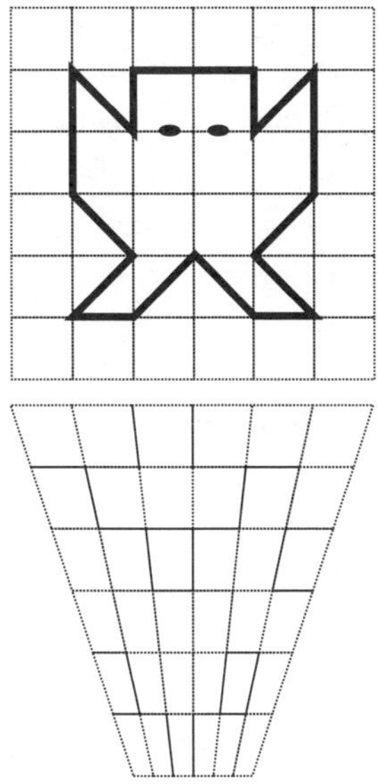
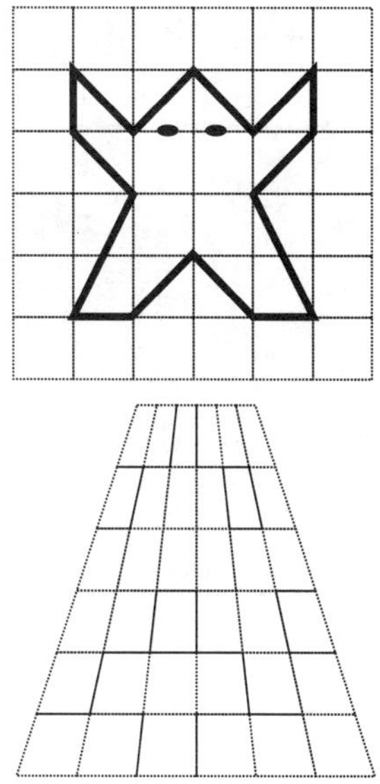
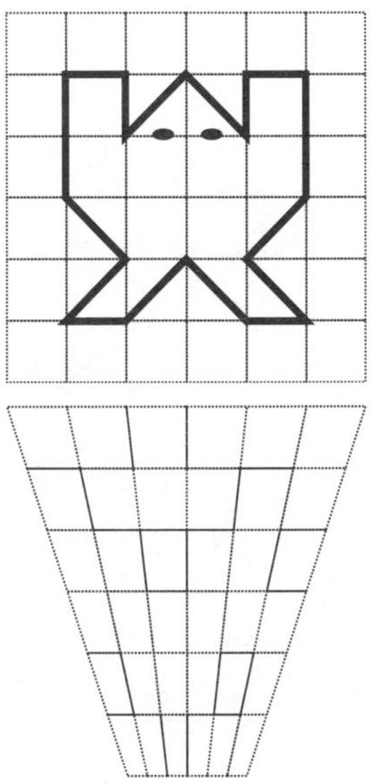
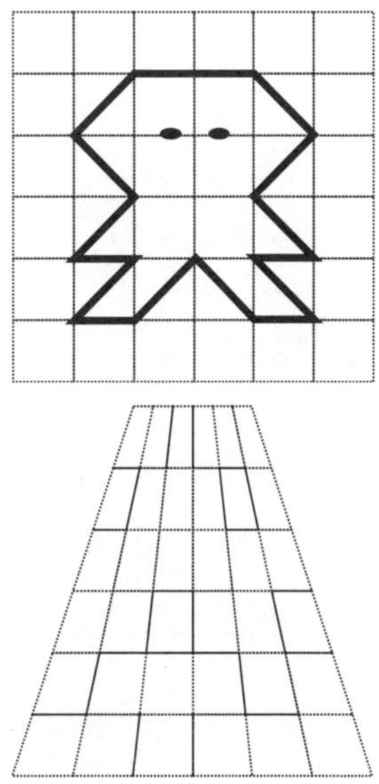
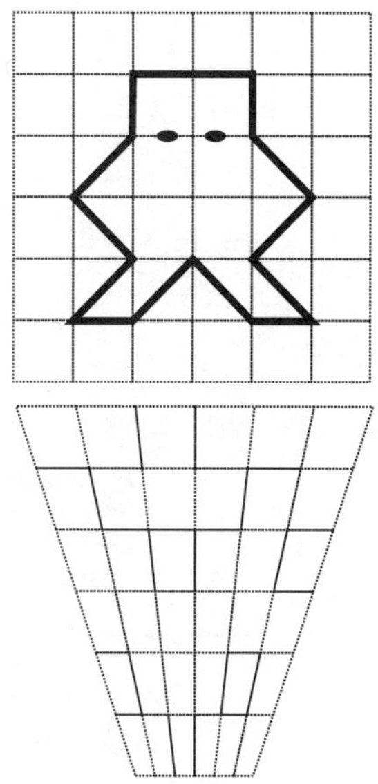
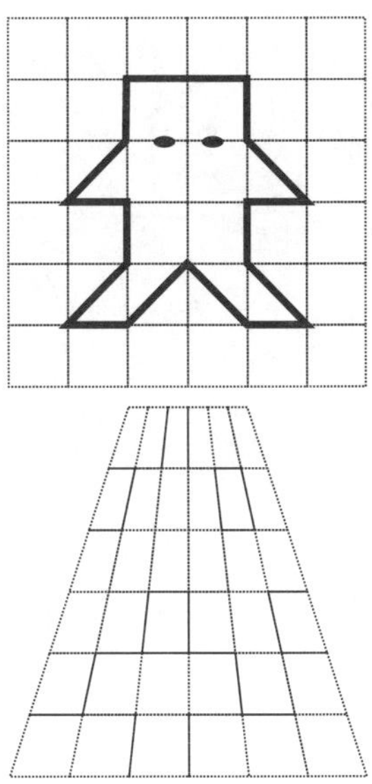
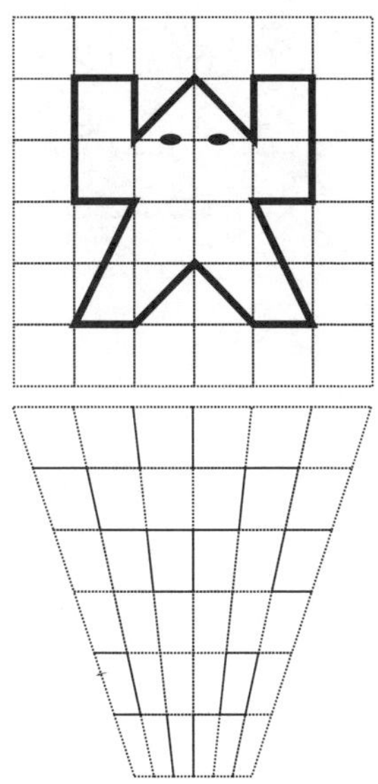
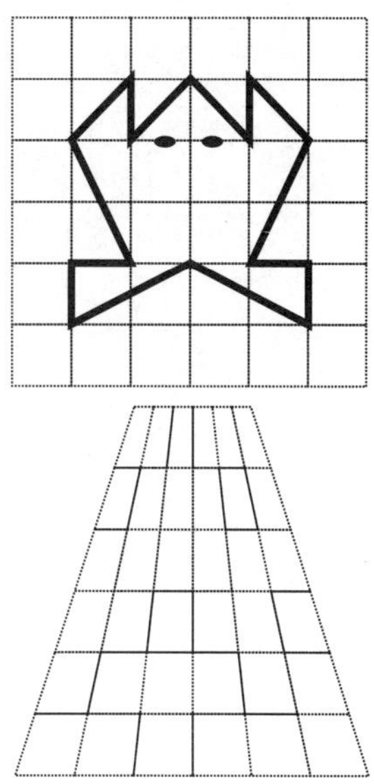

1.

563	251	553	246	169
+ 326	+ 675	+ 248	+ 246	+ 463

2.

487	362	593	454	58
+ 69	+ 586	+ 359	+ 387	+ 286

3.

631	299	184	742	693
+ 266	+ 573	+ 37	+ 79	+ 67

4.

398	288	551	444	683
+ 453	+ 57	+ 68	+ 379	+ 145

5.

575	846	662	269	429
+ 89	+ 77	+ 319	+ 58	+ 333

6.

388	273	590	234	863
+ 574	+ 464	+ 382	+ 678	+ 126

1. Klecksaufgaben: Fülle die Leerstellen aus.

	2		9
+		6	
	5	3	4

	1	5	
+		6	3
	8		1

	4	9	2
+		0	
	8		1

	5	6	7
+			
	9	1	2

	3		4
+		7	
	9	9	6

	4	4	
+			3
	8	1	7

	2	6	6
+		5	5
	7		

	2	2	0
+			
	5	1	3

+	2	4	6
	7	9	1

		7	
+	4		3
	6	1	5

	4	7	
+		5	8
	9		2

	4		0
+		0	
	8	6	9

2. Rechne geschickt.

	2	1	9
+	3	0	4
+	1	8	1

	1	6	8
+		9	5
+	3	4	2

		5	7
+	2	6	4
+	3	5	3

	3	4	1
+		2	8
+	5	4	9

	2	6	5
+		3	3
+	4	7	5

	5	5	5
+		5	5
+		5	5

	2	9	8
+	3	0	2
+		1	4

	2	4	6
+	3	1	9
+		6	4

	4	7	0
+		3	1
+	3	0	9

	3	8	9
+	2	6	7
+	1	4	4

	5	4	0
+	1	0	8
+		6	2

	5	7	1
+		2	8
+	4	1	1

3. Probiere es mit noch mehr Summanden. Rechne geschickt.

		2	6
+		4	4
+		9	1
+	3	1	2
+		7	8
+	2	5	6

	1	0	3
+		4	7
+		6	5
+	2	0	5
+		8	1
+		2	3

	3	7	4
+		4	7
+	2	6	3
+		5	6
+		5	2
+	2	0	8

		7	3
+	3	0	4
+	3	0	7
+		4	6
+		6	8
+	2	0	2

	4	7	1
+		2	8
+		1	1
+	2	0	0
+	1	0	3
+		9	4

		9	0
+	2	0	2
+		4	0
+	2	0	8
+		6	0
+	2	3	4

4. Finde den Anfang.

3 ↓	1 ←	2 ↓	3 ↓
2 →	Ziel	2 ↓	2 ←
3 →	1 ↓	2 ←	2 ↑
2 ↑	3 ↑	3 ↑	2 ↑

2 →	2 →	3 ↓	3 ↓
1 ↑	2 →	1 ←	3 ←
1 →	2 ↑	1 ↑	1 ←
1 ↑	1 ←	1 ←	Ziel

1. Fülle die Tabelle aus.

+	1 · 1	2 · 2	3 · 3	4 · 4	5 · 5	6 · 6	7 · 7	8 · 8	9 · 9	10 · 10
1 · 1	2	5								
2 · 2										
3 · 3										
4 · 4										
5 · 5										
6 · 6										
7 · 7										
8 · 8										
9 · 9										
10 · 10										

2. Schreibe die Folge der Quadratzahlen weiter.

1, 4, …

3. Rechne aus und setze die Reihen fort. Schau dir die Ergebnisse an.

7 · 7 = …
6 · 8 = …
5 · 9 = …
4 · 10 = …
3 · 11 = …
2 · 12 = …
1 · 13 = …
0 · 14 = …

9 · 9 = …
10 · 8 = …
11 · 7 = …
… · … = …
… · … = …
… · … = …
… · … = …
… · … = …

5 · 5 = …
4 · 6 = …
… · … = …
… · … = …
… · … = …
… · … = …

8 · 8 = …
9 · 7 = …
10 · 6 = …
… · … = …
… · … = …
… · … = …
… · … = …
… · … = …

4. Vergleiche.

5 · 5 – 4 · 4 = … 5 + 4 = … 8 · 8 – 7 · 7 = … 8 + 7 = …
3 · 3 – 2 · 2 = … … + … = … 7 · 7 – 6 · 6 = … … + … = …
4 · 4 – 3 · 3 = … … + … = … 2 · 2 – 1 · 1 = … … + … = …

5. Und welche Additionsaufgabe passt jetzt?

5 · 5 – 3 · 3 = … … + … = … 6 · 6 – 4 · 4 = … … + … = …
3 · 3 – 1 · 1 = … … + … = … 8 · 8 – 6 · 6 = … … + … = …
7 · 7 – 5 · 5 = … … + … = … 4 · 4 – 2 · 2 = … … + … = …

Die Primzahlen bis 100

1.

1	2	3	4	5	6	7	8	9	10
11	12	13	14	15	16	17	18	19	20
21	22	23	24	25	26	27	28	29	30
31	32	33	34	35	36	37	38	39	40
41	42	43	44	45	46	47	48	49	50
51	52	53	54	55	56	57	58	59	60
61	62	63	64	65	66	67	68	69	70
71	72	73	74	75	76	77	78	79	80
81	82	83	84	85	86	87	88	89	90
91	92	93	94	95	96	97	98	99	100

<u>So findest du alle Primzahlen:</u>

1. Die 1 ist keine Primzahl. Streiche sie durch.
2. Die 2 ist die kleinste Primzahl. Alle anderen Zahlen der Zweier-Reihe sind keine Primzahlen. Streiche sie durch.
3. Die 3 ist eine Primzahl. Alle anderen Zahlen der Dreier-Reihe sind keine Primzahlen. Streiche sie durch.
4. Die 5 ist eine Primzahl. Alle anderen Zahlen der Fünfer-Reihe sind keine Primzahlen. Streiche sie durch.
5. Die 7 ist eine Primzahl. Alle anderen Zahlen der Siebener-Reihe sind keine Primzahlen. Streiche sie durch.

Warum musst du die Zahlen der anderen Einmaleinsreihen nicht beachten?

....

....

....

2. Lies im Schulbuch nach, was Primzahl-Zwillinge sind.
Schreibe alle bis 100 auf.

....

....

3. Goldbachs Vermutung

Der Mathematiker Goldbach lebte im 18. Jahrhundert. Er behauptete, dass man jede Zahl, außer der 2, als Summe zweier Primzahlen schreiben kann.
Bis heute hat keiner bewiesen, ob das auch stimmt.
Aber das Gegenteil ist auch noch nicht bewiesen worden.
Darum nennt man es eine Vermutung, eben „Goldbachs Vermutung“.

Findest du Beispiele für Goldbachs Vermutung?

4 = 2 + 2	100 = ... + ...	..... = ... + ...
52 = 23 + 29	64 = ... + ...	..... = ... + ...
18 = ... + ...	72 = ... + ...	..... = ... + ...
28 = ... + ...	88 = ... + ...	..... = ... + ...
10 = ... + ...	68 = ... + ...	..... = ... + ...
34 = ... + ...	90 = ... + ...	..... = ... + ...

1. Ordne die Zahlen ein.
3, 70, 92, 88, 31, 27, 234, 475, 47, 124, 202, 130, 603, 97, 25, 300, 245, 111, 112, 81, 533, 21, 520, 259

Quersumme 9	Quersumme 4	Quersumme 16	Quersumme 11	Quersumme 7	Quersumme 3

2. Finde passende Zahlen.

Quersumme 15	Quersumme 6	Quersumme 1	Quersumme 19	Quersumme 8	Quersumme 13

3. Fülle die Tabelle aus.

	kleinste 1-stellige Zahl	größte 1-stellige Zahl	kleinste 2-stellige Zahl	größte 2-stellige Zahl	kleinste 3-stellige Zahl	größte 3-stellige Zahl
Quersumme 2						
Quersumme 9						
Quersumme 10						
Quersumme 19						
Quersumme 7						
Quersumme 17						
Quersumme 23						

4. Subtrahiere immer die Quersumme.

71 – 8 = ...
47 – ...... = ...
55 – ...... = ...
16 – ...... = ...
28 – ...... = ...
...... – ...... = ...

92 – ...... = ...
87 – ...... = ...
84 – ...... = ...
11 – ...... = ...
37 – ...... = ...
...... – ...... = ...

23 – ...... = ...
46 – ...... = ...
58 – ...... = ...
31 – ...... = ...
85 – ...... = ...
...... – ...... = ...

Was fällt dir auf? ....

....

5. Finde zu jedem Ergebnis verschieden Aufgaben „Zahl minus Quersumme“.

...... – ...... = 9
...... – ...... = 9
...... – ...... = 9
...... – ...... = 9

...... – ...... = 54
...... – ...... = 54
...... – ...... = 54
...... – ...... = 54

...... – ...... = 27
...... – ...... = 27
...... – ...... = 27
...... – ...... = 27

Aus einer Rechenkartei von 1930:

1. Der Unterschied zweier Zahlen ist 84. Die größere heißt 325.

2. Der Unterschied zweier Zahlen ist 36, die kleinere heißt 184.

3. Ich habe eine Zahl durch 9 geteilt und 12 erhalten.

4. Ich habe 87 zu einer Zahl addiert und 540 erhalten.

5. Ich habe 420 von einer Zahl abgezogen und 380 erhalten.

6. Das Fünffache meiner Zahl ist 455.

7. Die Summe zweier Zahlen ist 510, die eine ist 235.

8. Die Hälfte meiner Zahl ist 185.

9. Der dritte Teil meiner Zahl ist 125.

10. Ich bin 3 ½ Jahre älter als mein Bruder, der 9 Jahre 7 Monate alt ist.

11. Ich bin 2 ½ Jahre jünger als meine Schwester, die 10 Jahre 5 Monate alt ist.

12. Meine Schwester, die 15,50 M in der Sparbüchse hatte, besaß 6,50M mehr als ich.

13. Mein Bruder, der 22,50 M in der Sparbüchse hatte, besaß doppelt so viel wie ich.

Aus einer Rechenkartei von 1930:

1. Berechne die Summe folgender drei Zahlen! Die erste heißt 399, die zweite ist um 109 kleiner als sie, die dritte ist um 99 kleiner als die zweite.

2. Zwei Züge fuhren von der Station nach entgegengesetzter Richtung. Der Schnellzug kam stündlich 60 km weit, der Personenzug 45 km weit.
   Wie weit waren sie nach siebenstündiger Fahrt auseinander?

3. Aus einem Fass, das 1 000 l enthielt, werden abgefüllt fünf Fässer zu je 75 l, drei Fässer zu je 85 l und vier Fässer zu je 45 l.
   Wie viel l blieben in dem großen Fass?

4. Am 1.Dezember 1925 wurden in einem Dorf gezählt: 64 Pferde, 38 Stück Rindvieh, 27 Schafe, 73 Schweine, 19 Ziegen und 246 Stück Federvieh.
   Um wie viel war die Zahl der vierbeinigen Tiere kleiner als die der zweibeinigen?

5. Ein Flugzeug fliegt stündlich 175 km weit, ein anderes legt stündlich 185 km zurück. Sie flogen zur selben Zeit von dem selben Flugplatz in entgegengesetzter Richtung ab.
   Wie weit waren sie nach zweistündiger Fahrt auseinander?

6. Fünf Straßenbahnschaffner verglichen am Abend ihre Tageseinnahme. Der erste hatte 126 M, der zweite 145 M, der dritte 138 M, der vierte 155 M und der fünfte 148 M eingenommen.
   Wie viel fehlte allen zusammen an 1 000 M?

Rechnen mit Ziffernplättchen

①②③④⑤⑥⑦⑧⑨

1. Bilde Aufgaben. Du darfst immer 4 Plättchen benutzen.

☐☐	☐☐	☐☐	☐☐	☐☐
+ ☐☐	+ ☐☐	+ ☐☐	+ ☐☐	+ ☐☐
1 0 0	1 0 0	1 0 0	1 0 0	1 0 0

2. Summe 1 000. Du darfst immer 6 Plättchen benutzen.

☐☐☐	☐☐☐	☐☐☐	☐☐☐
+ ☐☐☐	+ ☐☐☐	+ ☐☐☐	+ ☐☐☐
1 0 0 0	1 0 0 0	1 0 0 0	1 0 0 0

3. Kannst du diese Ergebnisse erreichen?

☐☐	☐☐	☐☐	☐☐	☐☐
☐☐	☐☐	☐☐	☐☐	☐☐
+ ☐☐	+ ☐☐	+ ☐☐	+ ☐☐	+ ☐☐
1 0 0	1 2 3	1 5 0	2 0 0	2 2 2

4. Versuche, das größte und das kleinste Ergebnis oder ein selbst

☐☐	☐☐	☐☐	☐☐	☐☐
☐☐	☐☐	☐☐	☐☐	☐☐
+ ☐☐	+ ☐☐	+ ☐☐	+ ☐☐	+ ☐☐
....	....	....	....	....

5. Benutze alle 9 Plättchen genau einmal. Jede Aufgabe muss das selbe Ergebnis haben.

☐ + ☐ = ... ☺ ☐ · ☐ = ... ☺

☐ – ☐ = ... ☺ ☐☐ : ☐ = ... ☺

Rechnen mit Ziffernplättchen

(1)(2)(3)(4)(5)(6)(7)(8)(9)

1. Benutze immer (1)(2)(3)(4). Versuche alle Zahlen von 0 bis 20 als Ergebnis zu erreichen.

(3) + (2) − (1) − (4) = 0

○ □ ○ □ ○ □ ○ = 1

○ □ ○ □ ○ □ ○ = 2

○ □ ○ □ ○ □ ○ = 3

○ □ ○ □ ○ □ ○ = 4

○ □ ○ □ ○ □ ○ = 5

○ □ ○ □ ○ □ ○ = 6

○ □ ○ □ ○ □ ○ = 7

○ □ ○ □ ○ □ ○ = 8

○ □ ○ □ ○ □ ○ = 9

○ □ ○ □ ○ □ ○ = 10

○ □ ○ □ ○ □ ○ = 11

○ □ ○ □ ○ □ ○ = 12

○ □ ○ □ ○ □ ○ = 13

○ □ ○ □ ○ □ ○ = 14

○ □ ○ □ ○ □ ○ = 15

○ □ ○ □ ○ □ ○ = 16

○ □ ○ □ ○ □ ○ = 17

○ □ ○ □ ○ □ ○ = 18

○ □ ○ □ ○ □ ○ = 19

○ □ ○ □ ○ □ ○ = 20

2. Suche dir immer 3 Plättchen aus. Bilde die größte mögliche Zahl und subtrahiere davon die kleinste Zahl.

(6)(3)(4) 643 − 346 = ...

○○○ ...... − ...... = ...

○○○ ...... − ...... = ...

○○○ ...... − ...... = ...

○○○ ...... − ...... = ...

○○○ ...... − ...... = ...

○○○ ...... − ...... = ...

○○○ ...... − ...... = ...

○○○ ...... − ...... = ...

○○○ ...... − ...... = ...

Was fällt dir auf? ....

....

3. Bilde mit den ausgewählten Plättchen Aufgaben.

(1)(2)(4)(8)	(1)(4)(6)(8)	(3)(4)(6)(9)
24 : 8 · 1 = 2		

1. Fülle die Baupläne passend zu diesen Würfelbauten aus.

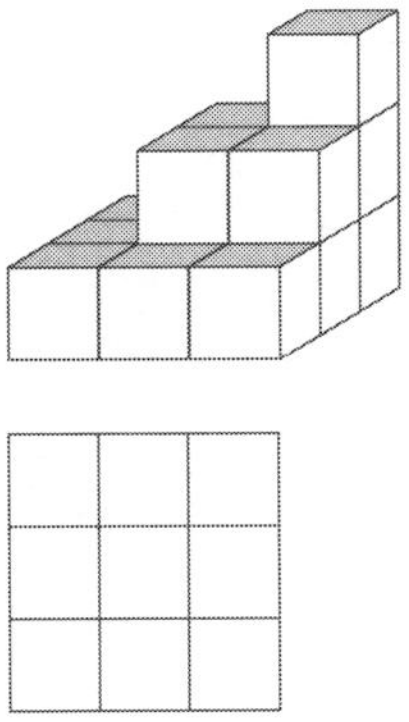
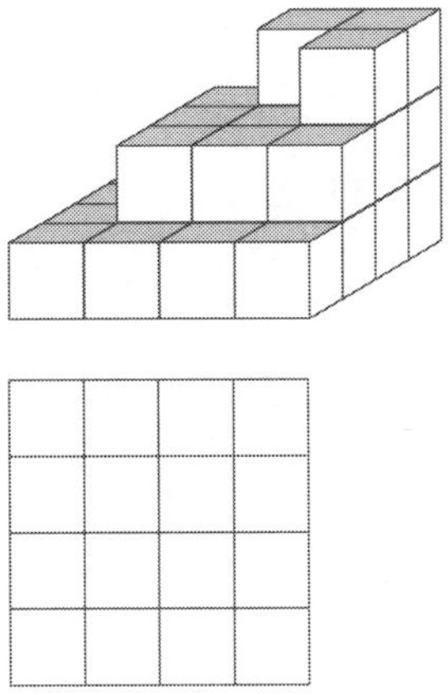
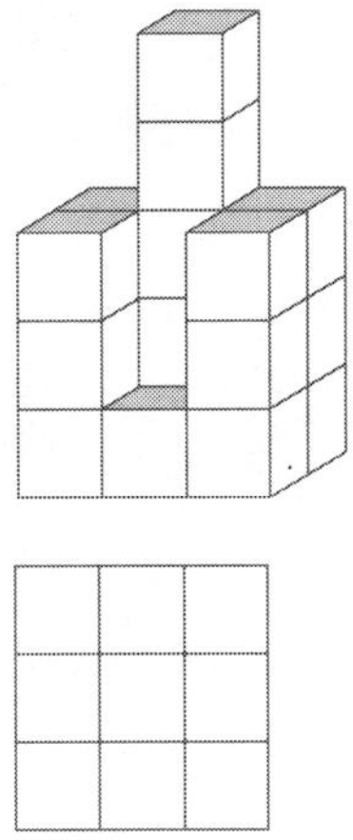
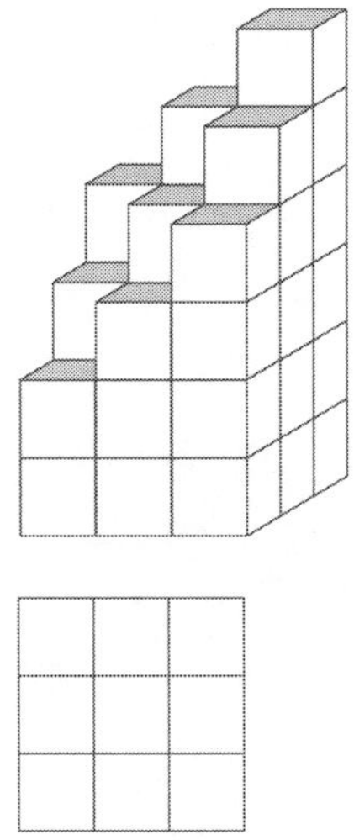
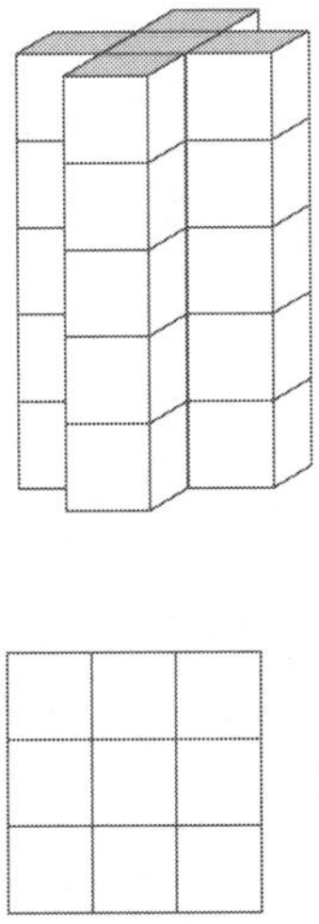
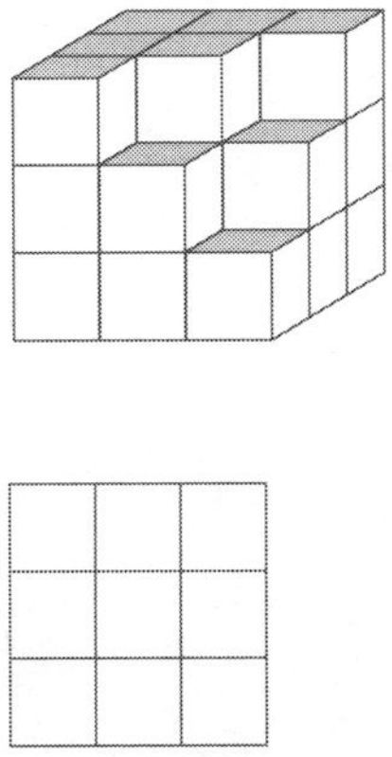
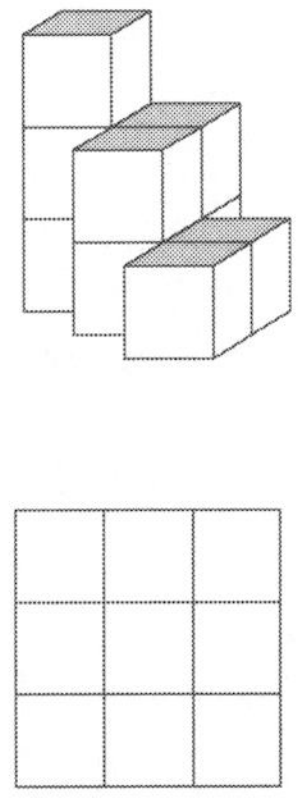
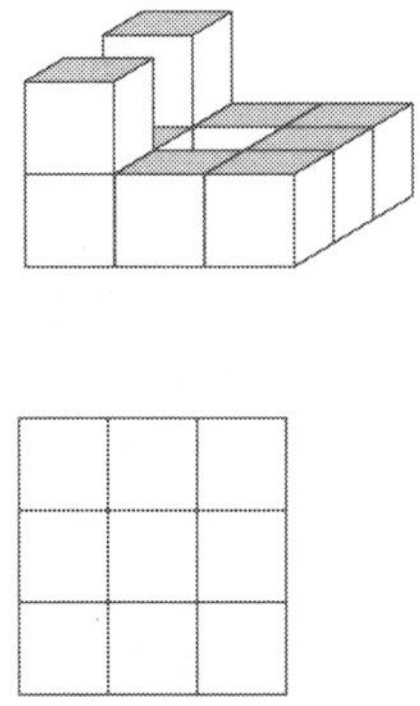

2. Markiere den Abschnitt, in dem das Ergebnis liegt.

21 · 3
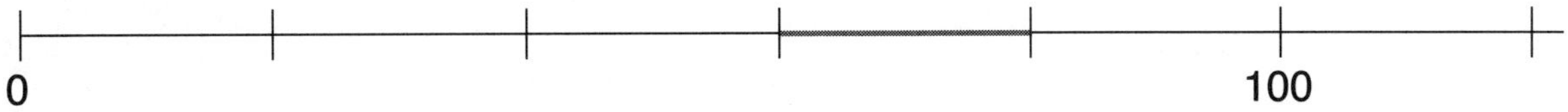

2 · 18
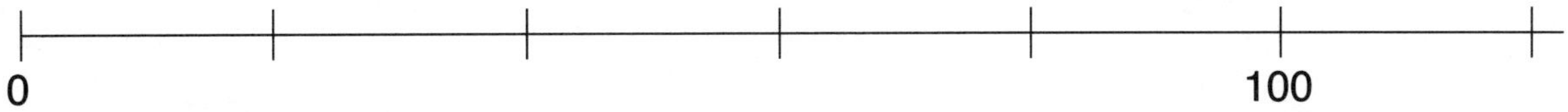

5 · 19
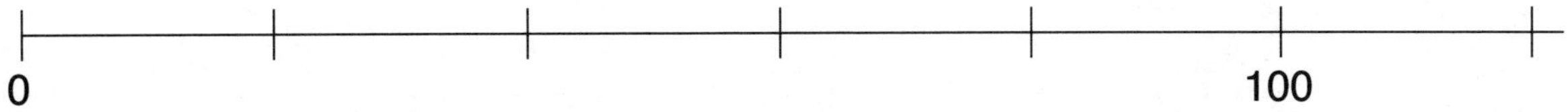

19 · 4
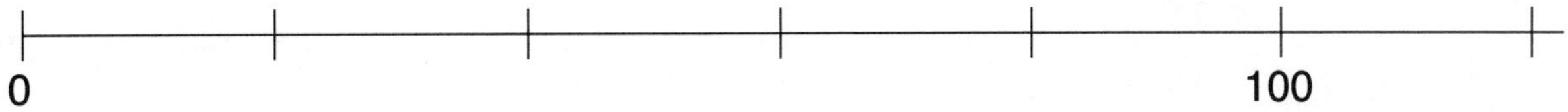

4 · 23
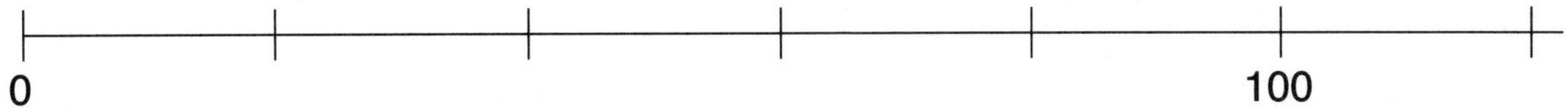

41 · 2
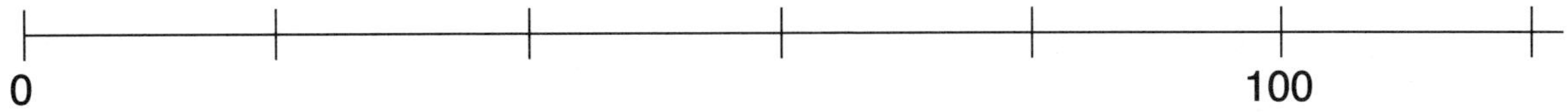

39 · 2
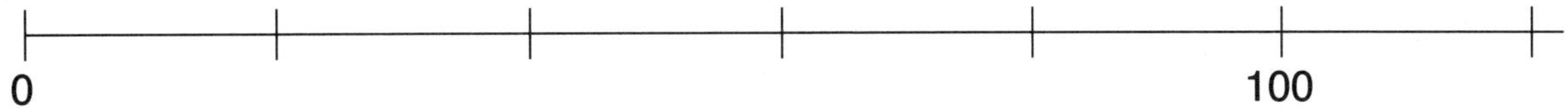

Nachbarzehner

Zehnernachbar davor	Zahl	Zehnernachbar dahinter
340	345	350
	208	
	749	
	583	
	628	
	136	
	487	
	326	
	984	
	803	
	624	
	735	
	499	
	173	
	396	
	465	
	941	
	267	
	839	
	527	
	661	
	893	
	593	
	703	

Zehnernachbar davor	Zahl	Zehnernachbar dahinter
	634	
	716	
	659	
	912	
	699	
	483	
	738	
	399	
	321	
	577	
	804	
	416	
	405	
	538	
	249	
	681	
	644	
	703	
	555	
	395	
	794	
	999	
	205	
	274	

<u>Verzerrte Monster</u>

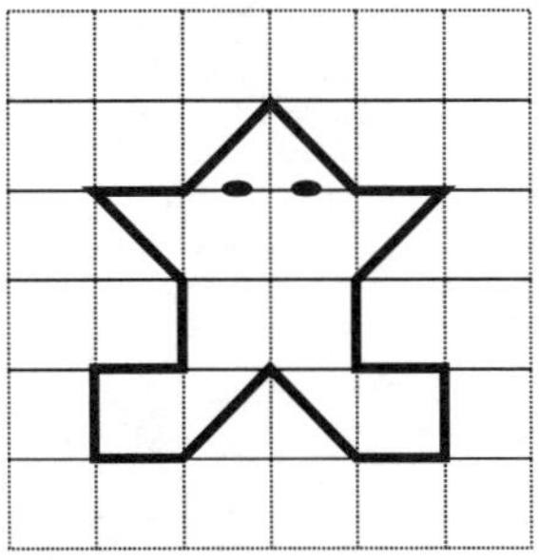
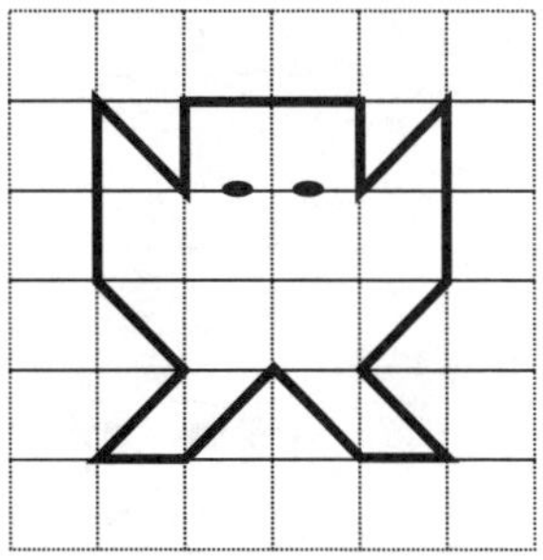
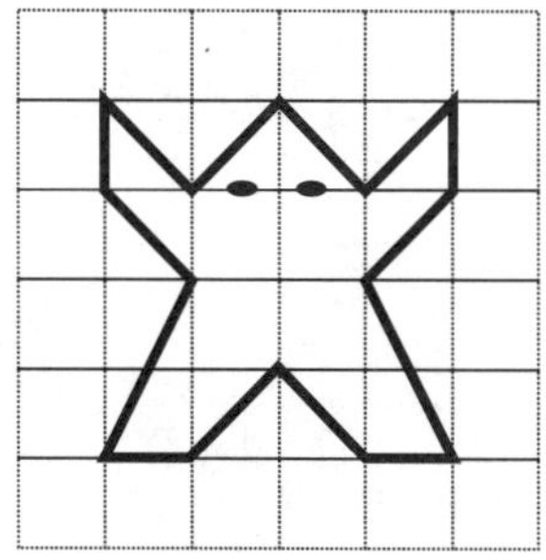
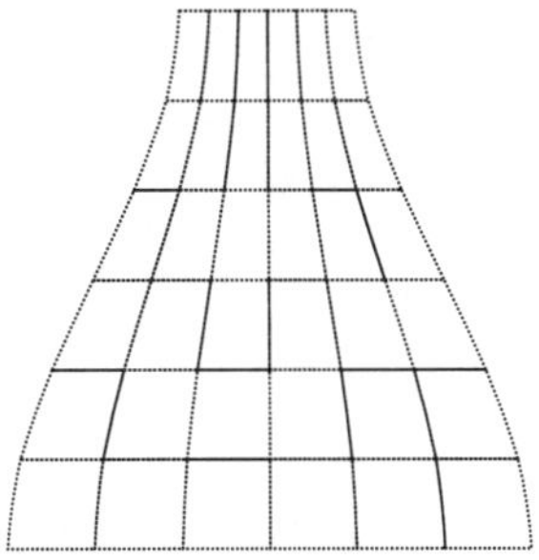
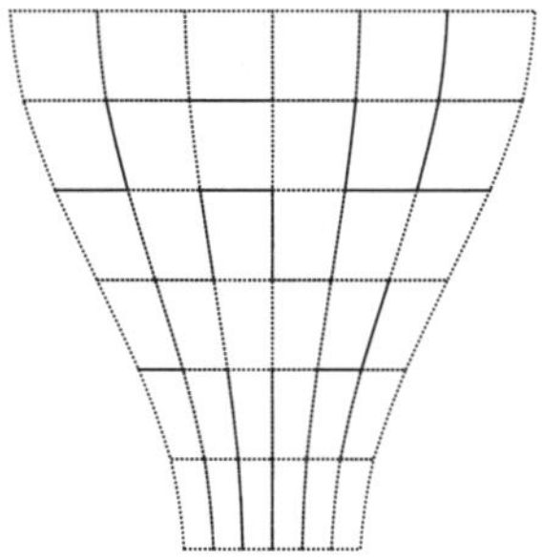
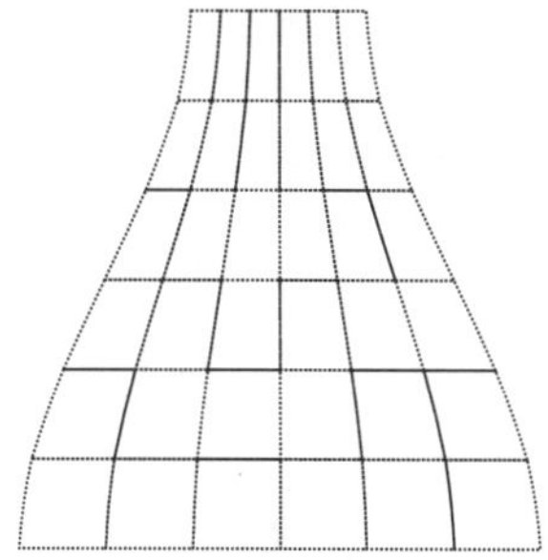
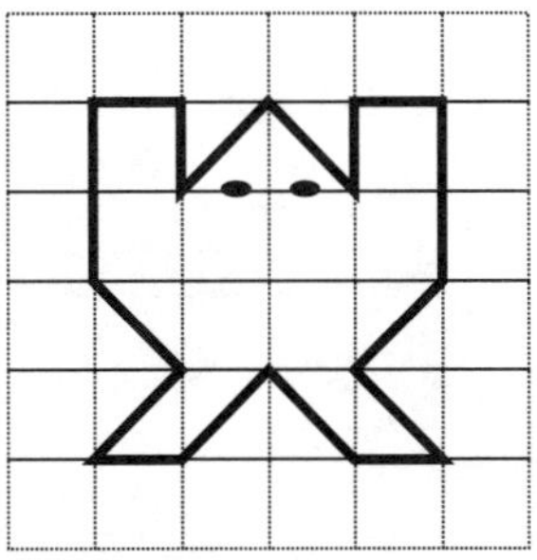
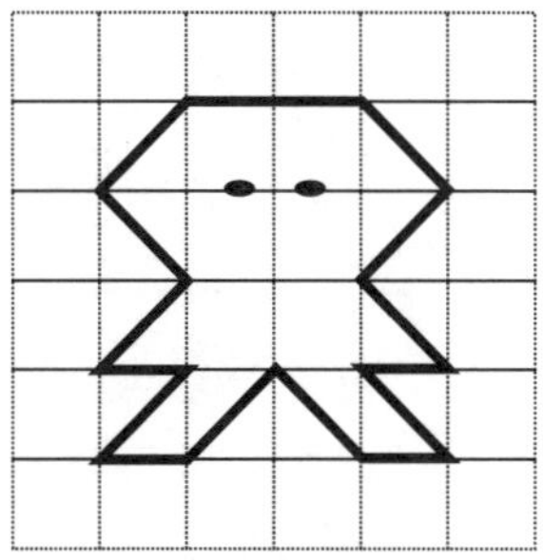
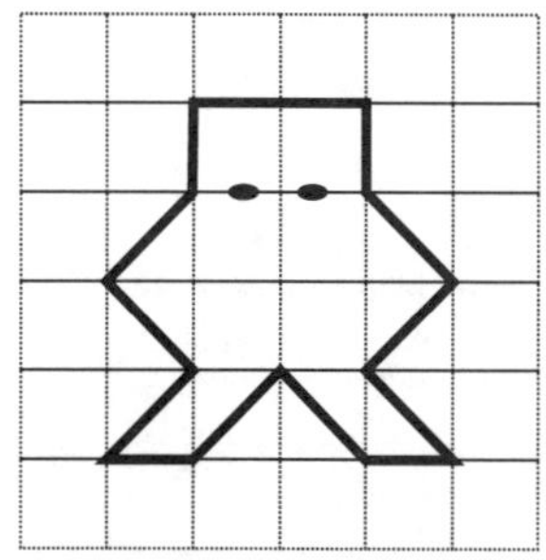
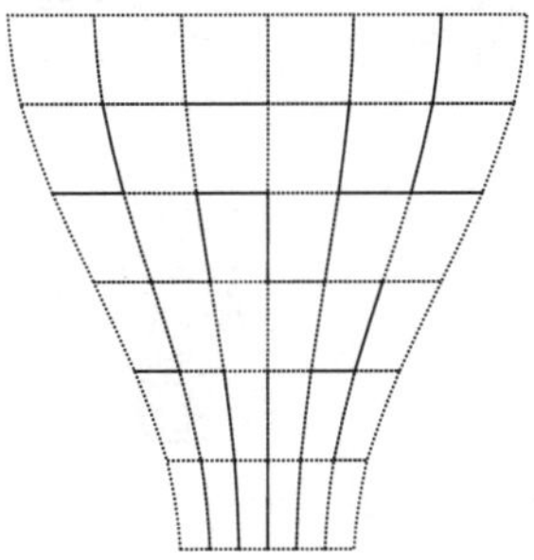
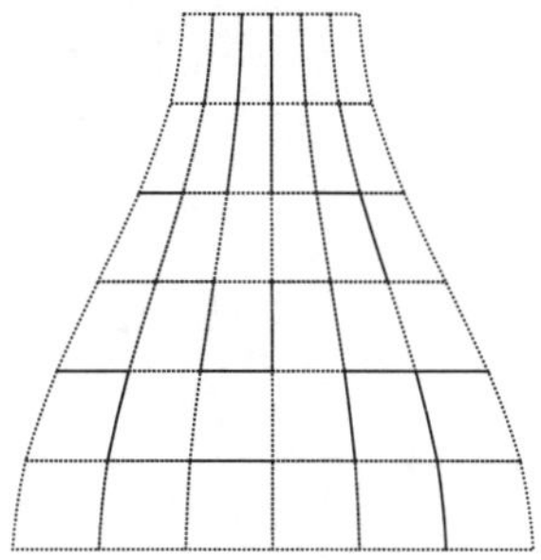
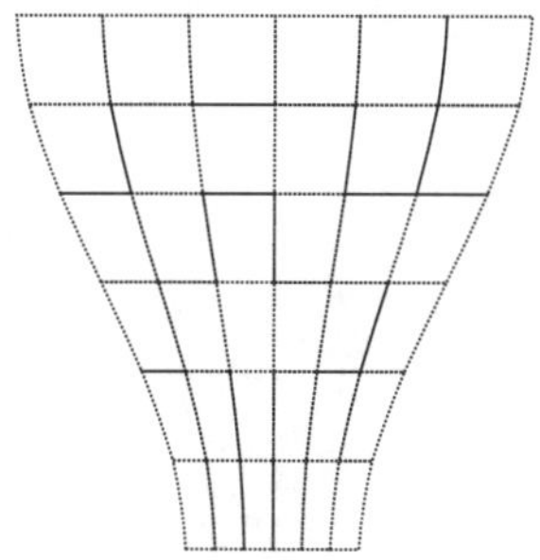
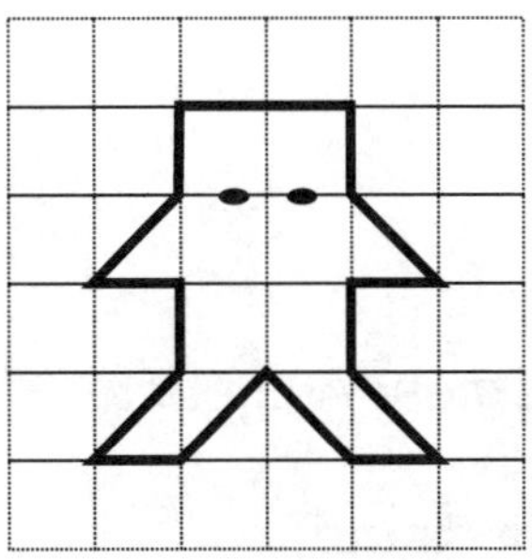
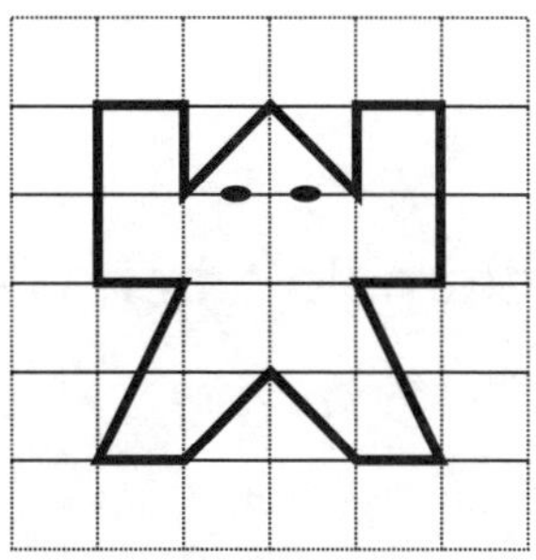
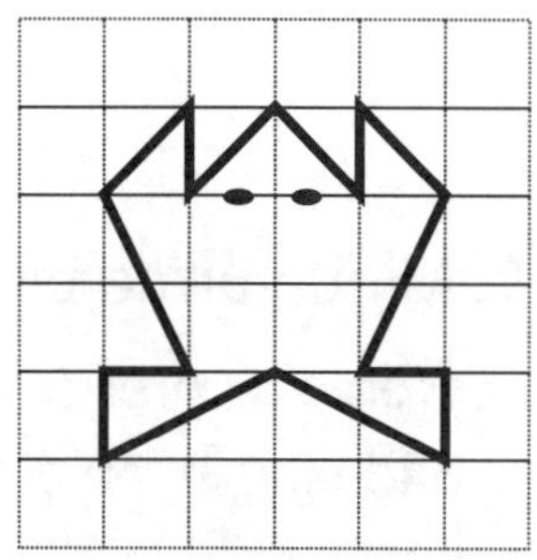
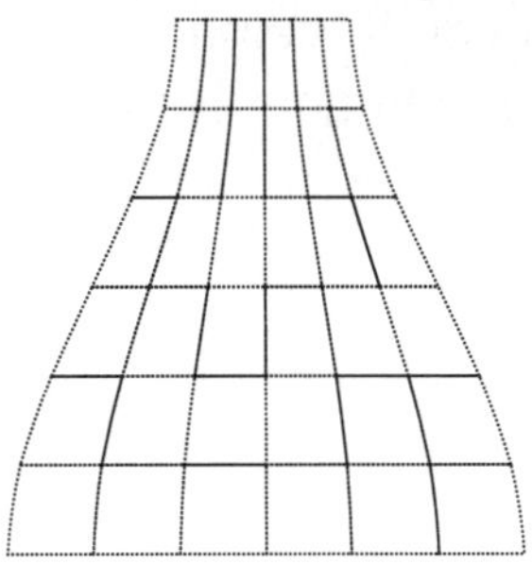
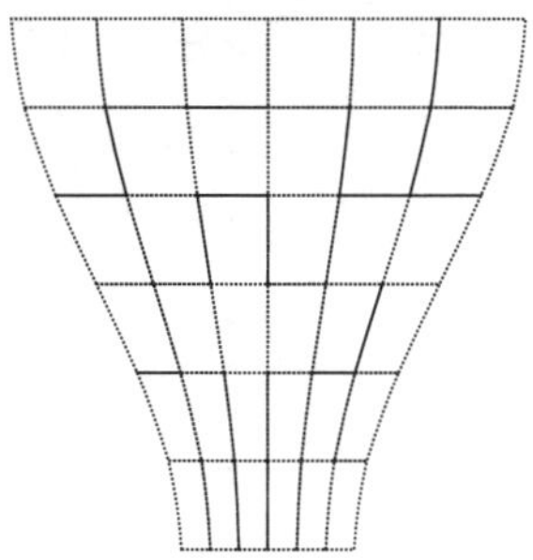
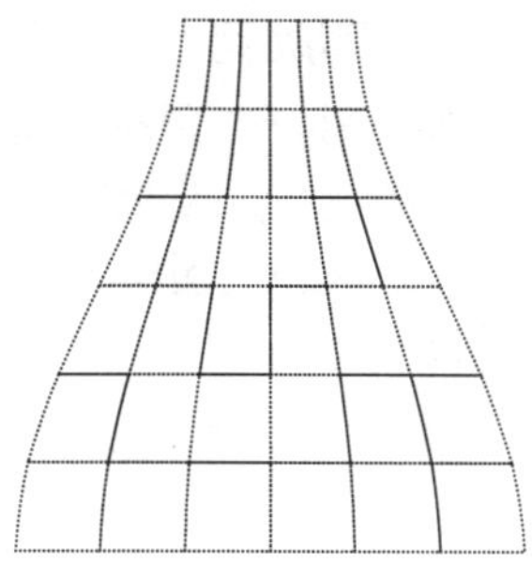

1. Schriftliche Subtraktion nach dem Ergänzungsverfahren.

762 − 430	657 − 509	605 − 339	853 − 385	515 − 343
210 − 55	734 − 687	999 − 437	367 − 188	498 − 275
616 − 356	999 − 375	701 − 588	437 − 219	197 − 78
656 − 489	367 − 280	861 − 336	609 − 488	671 − 66
833 − 577	700 − 83	555 − 362	913 − 48	634 − 309
713 − 77	367 − 190	592 − 356	581 − 493	863 − 126

2. Minustürme bauen mit den Ziffernplättchen ①②③④⑤⑥⑦⑧⑨ .

Wähle dir drei Ziffern aus.

Bilde mit ihnen die größte und die kleinste dreistellige Zahl und errechne die Differenz.

Aus den Ziffern des Ergebnisses bildest du wieder die größte und die kleinste Zahl und errechnest die Differenz.

Rechne so weiter im Heft.

⑦⑨①	④⑧③
971 −179 792	843 −348 792
971 −179	.... − ....
.... −	

Rechne mehr Aufgaben ins Heft.
Was fällt dir auf?
Schreibe auch deine Vermutung in dein Heft

1. Schriftliche Subtraktion nach dem Abziehverfahren.

- 762 − 430
- 657 − 509
- 605 − 339
- 853 − 385
- 515 − 343

- 210 − 55
- 734 − 687
- 999 − 437
- 367 − 188
- 492 − 275

- 616 − 356
- 999 − 375
- 701 − 588
- 437 − 219
- 197 − 78

- 666 − 489
- 367 − 280
- 861 − 336
- 609 − 488
- 671 − 66

- 833 − 577
- 700 − 83
- 555 − 362
- 913 − 48
- 634 − 309

- 713 − 77
- 367 − 190
- 592 − 356
- 581 − 493
- 863 − 126

2. Minustürme bauen mit den Ziffernplättchen ①②③④⑤⑥⑦⑧⑨ .

Wähle dir drei Ziffern aus.

Bilde mit ihnen die größte und die kleinste dreistellige Zahl und errechne die Differenz.

Aus den Ziffern des Ergebnisses bildest du wieder die größte und die kleinste Zahl und errechnest die Differenz.

Rechne so weiter im Heft.

⑦⑨①	④⑧③
971 − 179 792	843 − 348 792
971 − 179	.... − ....
.... −	

Rechne mehr Aufgaben ins Heft.
Was fällt dir auf?
Schreibe auch deine Vermutung in dein Heft.

Wie lange dauert es? Benutze diese Strategien: 

Dauer

○ 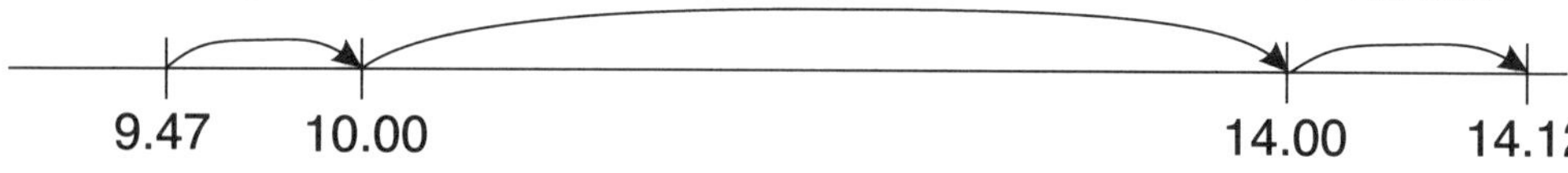

4 h 25 min

○ 4.11 ———— 11.37 ……………

○ 23.05 ———— 6.28 ……………

○ 17.58 ———— 21.14 ……………

○ 20.15 ———— 8.13 ……………

○ 5.05 ———— 17.20 ……………

○ 13.12 ———— 1.00 ……………

○ 23.45 ———— 0.15 ……………

Kreuze an, welche Aufgaben du mit dieser Strategie gut gerechnet hast.

Wie lange dauert es? Benutze diese Strategie: 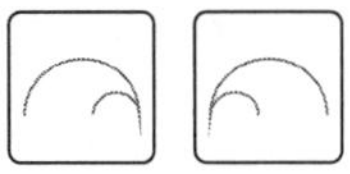

Dauer

○ 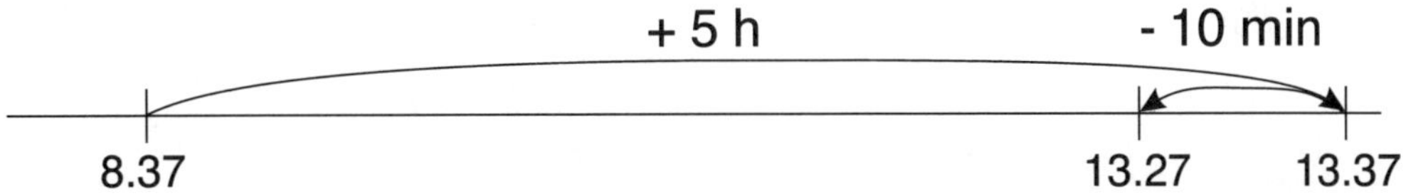

4 h 50 min

○ 

....

○ 

....

○ 

....

○ 

....

○ 

....

○ 

....

○ 

....

Kreuze an, welche Aufgaben du mit dieser Strategie gut gerechnet hast. Warum?

1. Wann ist der Zug abgefahren oder angekommen?

Abfahrt: ....
Dauer: 3 h
Ankunft: 18.24 Uhr

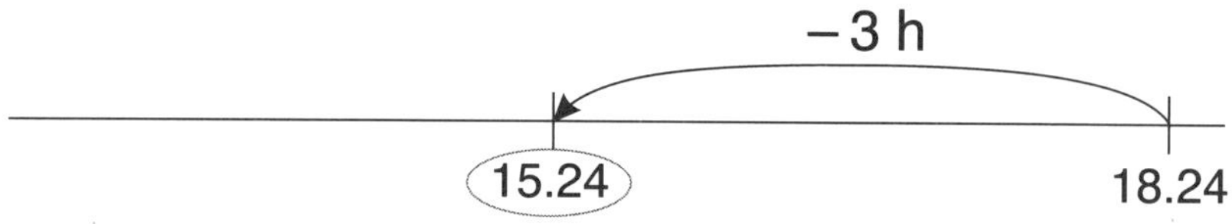

Abfahrt: ....
Dauer: 45 min
Ankunft: 10.03 Uhr

Abfahrt: ....
Dauer: 1 h 20 min
Ankunft: 14.39 Uhr

Abfahrt: ....
Dauer: 2 h 44 min
Ankunft: 18.13 Uhr

Abfahrt: ....
Dauer: 4 h
Ankunft: 21.46 Uhr

Abfahrt: 10.25 Uhr
Dauer: 35 min
Ankunft: ....

Abfahrt: 13.48 Uhr
Dauer: 1 h 15 min
Ankunft: ....

Abfahrt: 6.37 Uhr
Dauer: 3 h
Ankunft: ....

Abfahrt: 15.49 Uhr
Dauer: 1 h 17 min
Ankunft: ....

Verzerrte Monster

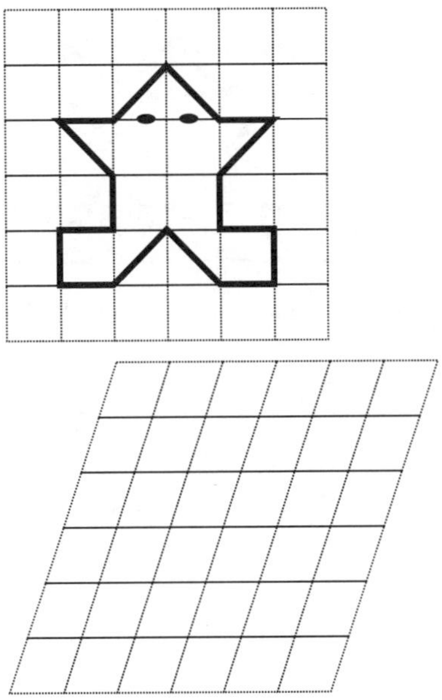
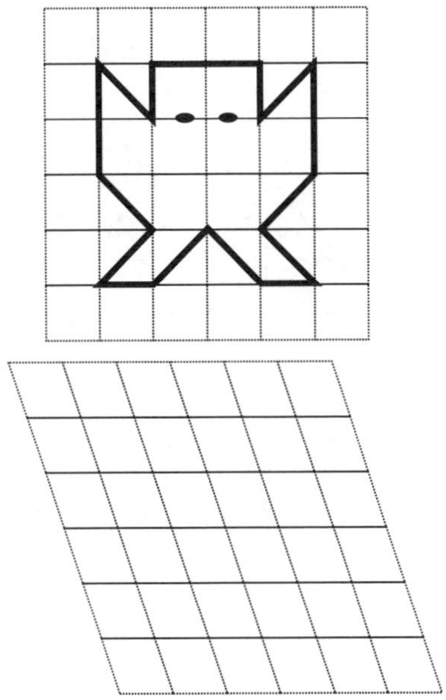
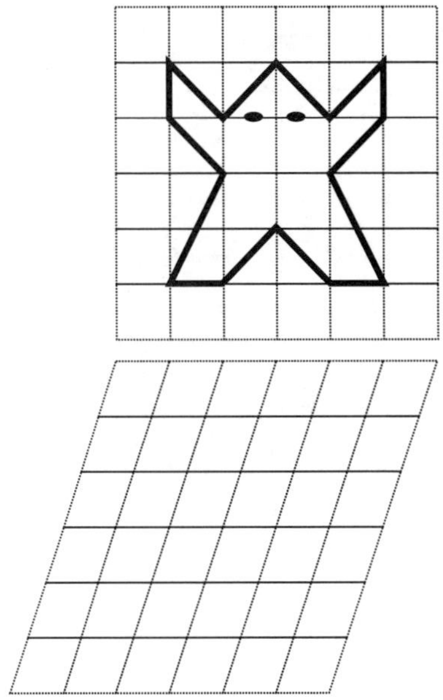
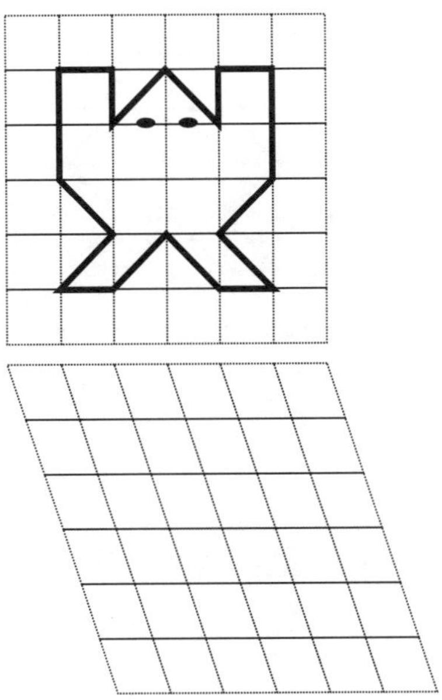
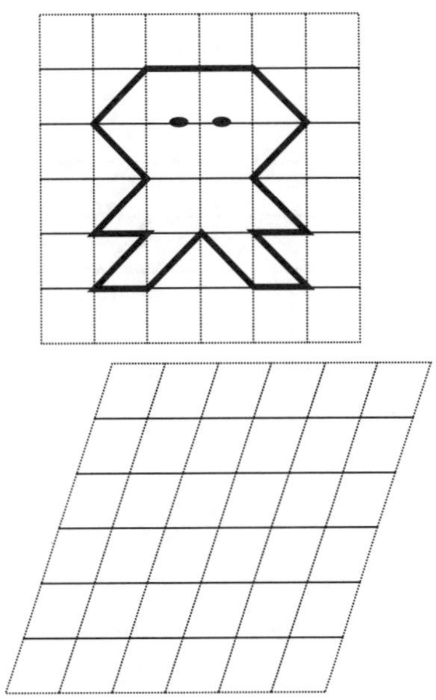
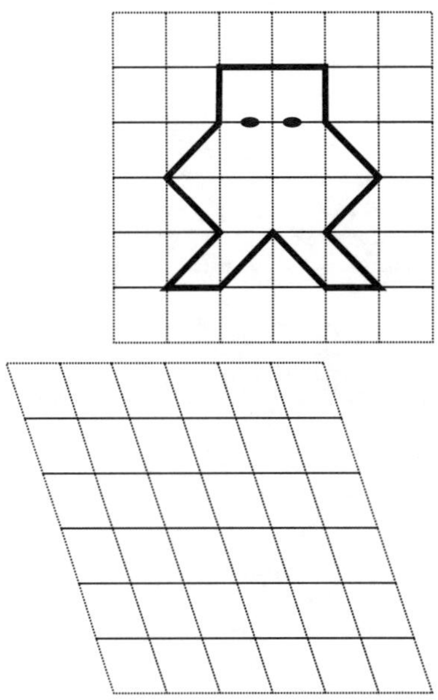
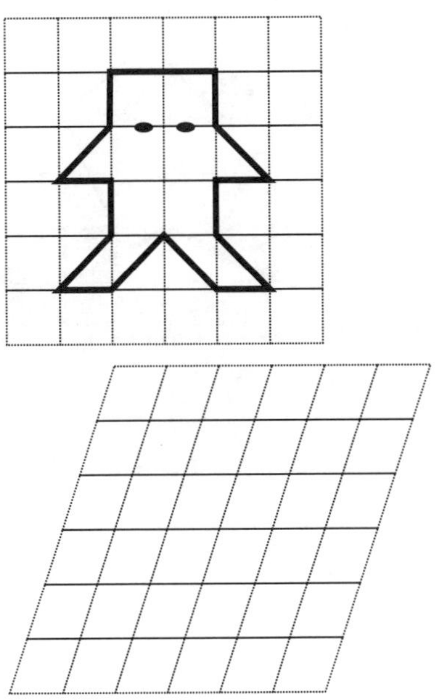
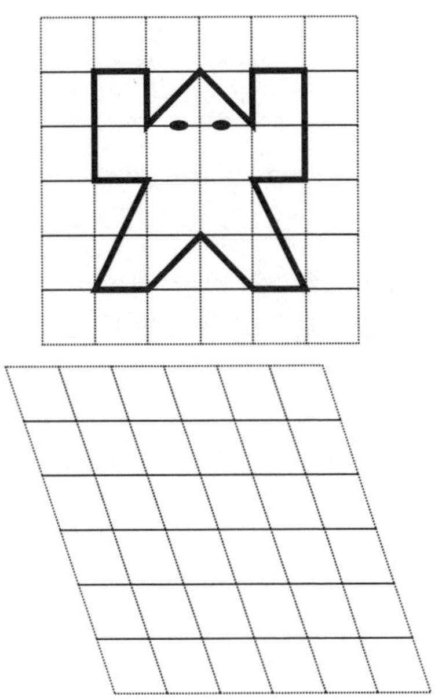
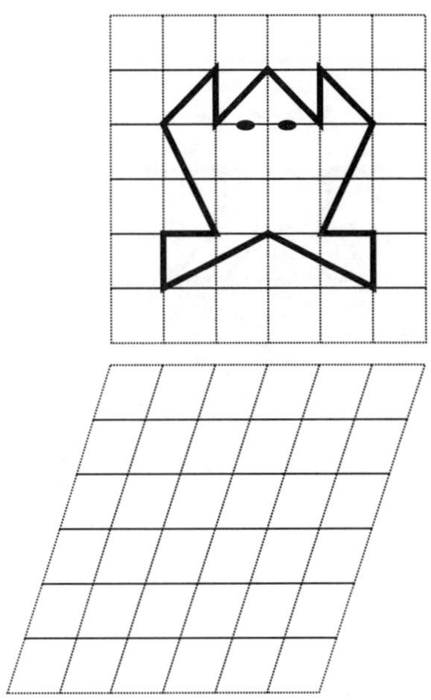

Verzerrte Monster

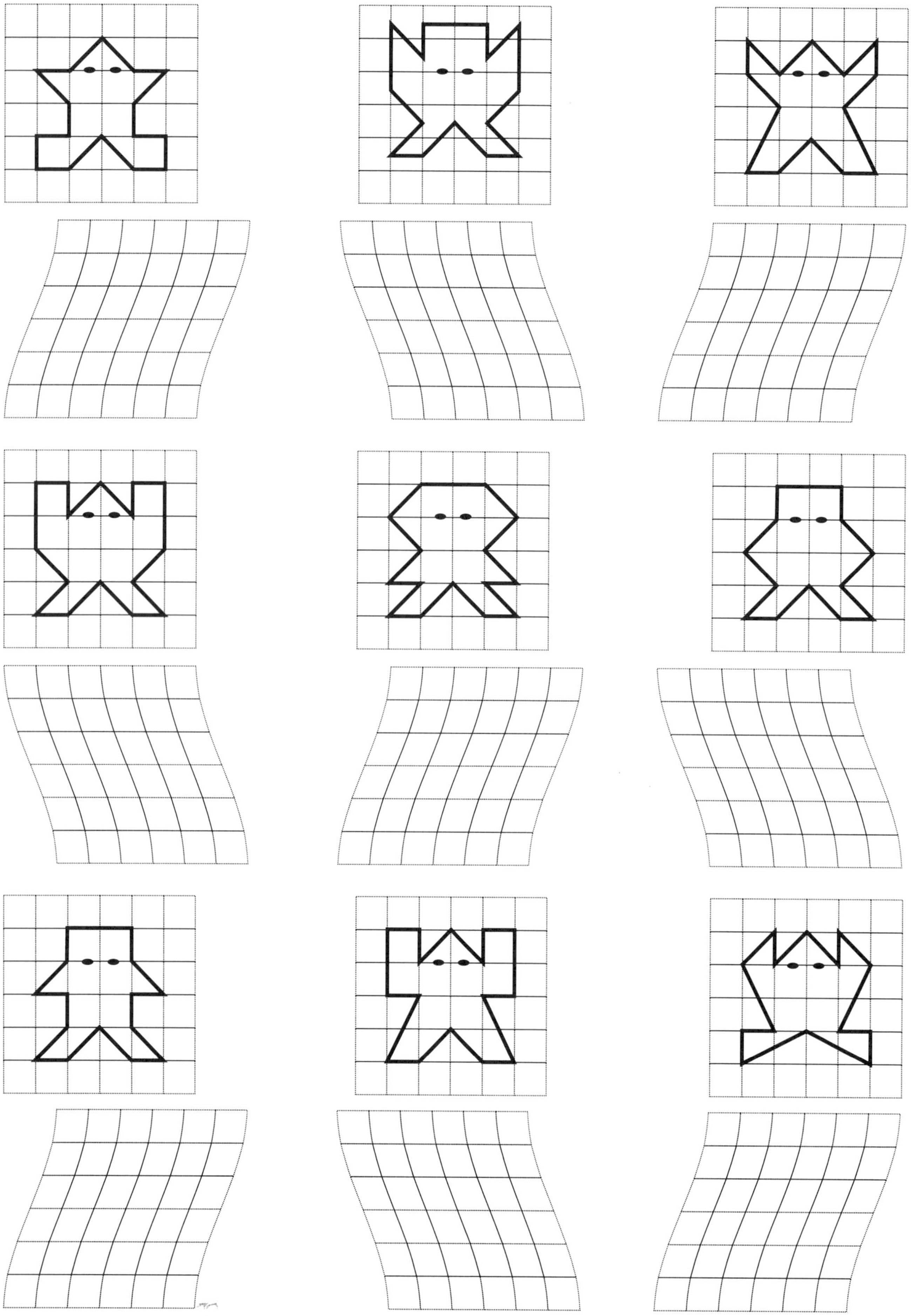

1. Wie viele Monate sind es?

2 Jahre = ... Monate
4 Jahre = ... Monate
6 Jahre = ... Monate
12 Jahre = ... Monate
10 Jahre = ... Monate
20 Jahre = ... Monate

$\frac{1}{2}$ Jahr = ... Monate
$\frac{1}{4}$ Jahr = ... Monate
$\frac{3}{4}$ Jahr = ... Monate
$\frac{2}{4}$ Jahr = ... Monate
$1\frac{1}{2}$ Jahre = ... Monate
$2\frac{1}{4}$ Jahre = ... Monate

2. Wie viele Jahre sind es?

48 Monate = ... Jahre
60 Monate = ... Jahre
54 Monate = ... Jahre
123 Monate = ... Jahre
90 Monate = ... Jahre
4 Monate = ... Jahre

3. Wie viele Tage sind es?

5 Wochen = ... Tage
9 Wochen = ... Tage
12 Wochen = ... Tage
20 Wochen = ... Tage
2 Wochen = ... Tage

4 Wochen 3 Tage = ... Tage
10 Wochen 2 Tage = ... Tage
15 Wochen 4 Tage = ... Tage
7 Wochen 7 Tage = ... Tage
3 Wochen 5 Tage = ... Tage

4. Wie viele Wochen und Tage sind es?

14 Tage = ... Wochen
42 Tage = ... Wochen
63 Tage = ... Wochen
126 Tage = ... Wochen

17 Tage = ... Wochen .... Tage
36 Tage = ... Wochen .... Tage
90 Tage = ... Wochen .... Tage
151 Tage = ... Wochen .... Tage

5. Wie lange dauert es?

20.1. bis 14.3.

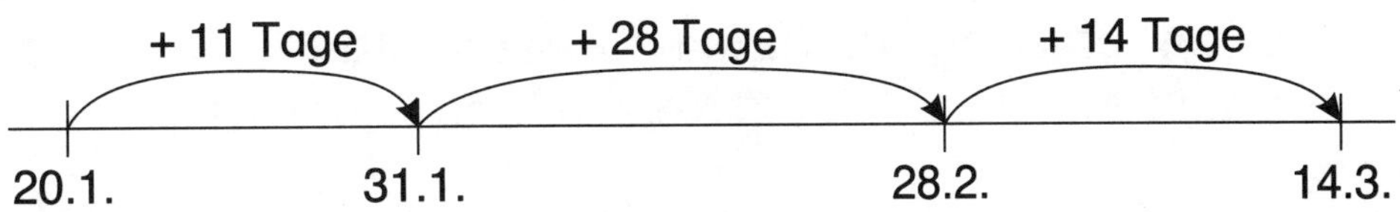

53 Tage = 7 Wochen 4 Tage

14.3. bis 8.5. ________________________________

...... Tage = ... Wochen ...... Tage

8.5. bis 5.8. ________________________________

...... Tage = ... Wochen ...... Tage

6. Wie lange dauert es noch bis Weihnachten und bis zu deinem Geburtstag?

7. Wie viele Monate bist du alt? ....

1. In jeder Reihe gibt es Körper, die nicht mit dem grauen Körper übereinstimmen. Streiche sie durch. Insgesamt sind 13 Körper durchzustreichen.

2. Auf gegenüberliegenden Seiten der Würfel sind die gleichen Figuren oder Zeichen. Ergänze zu Würfelnetzen und trage die Figuren passend ein. Zur Kontrolle zeichne das Netz ab und schneide es aus.

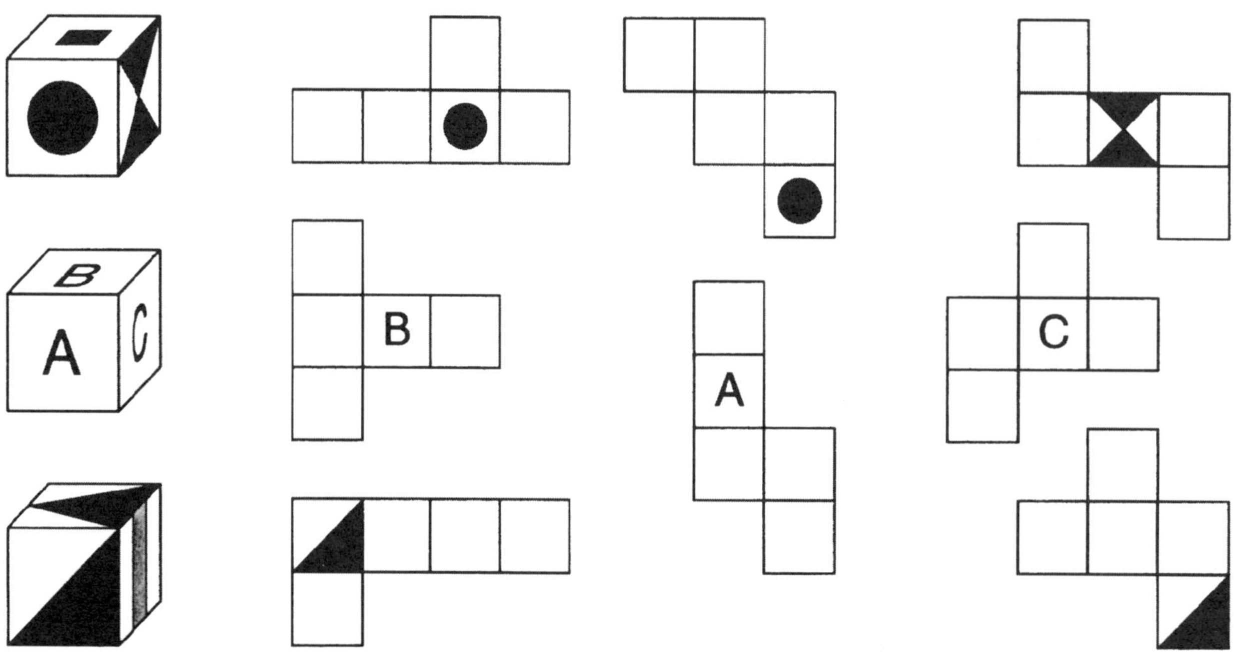

1. Schriftliche Subtraktion mehrerer Zahlen nach dem Ergänzungsverfahren.

	5	8	6
−	2	5	6
−	1	2	0

	7	8	9
−	3	2	4
−		5	3

	9	7	2
−	4	5	6
−	1	3	5

	6	8	3
−	2	4	5
−		9	8

	6	3	0
−	4	5	5
−		3	7

	8	0	0
−	6	2	7
−	1	4	7

	5	0	6
−		5	8
−	2	5	5

	3	6	9
−	3	0	4
−		5	5

	7	3	4
−	2	0	8
−		9	0

	4	7	1
−	2	4	9
−		7	8

	8	3	0
−	3	6	3
−	2	4	7
−		5	5

	6	6	6
−	3	4	5
−			9
−	1	4	6

	9	4	1
−	2	3	5
−		7	6
−	1	3	9

	5	7	0
−		3	6
−	1	2	4
−	3	0	5

	8	0	3
−	2	4	6
−	1	3	7
−	1	0	5

2. Gleichungssafari.

340	70	410	70	320	38	456	975	333	303	636	142
385	46	4	438	777	7	784	549	30	75	864	930
700	505	507	480	309	847	728	635	580	440	60	333
289	8	106	300	200	22	204	520	70	9	804	360
205	384	708	620	807	103	5	60	650	28	678	475
608	30	638	9	33	810	209	380	657	841	700	987
3	880	454	40	505	400	90	232	40	444	448	7
60	8	742	50	302	370	37	407	70	414	400	36
6	888	450	2	10	108	630	36	666	20	900	44

Markiere die Aufgaben, die du findest und schreibe sie in dein Heft.

1. Schriftliche Subtraktion mehrerer Zahlen nach dem Abziehverfahren.

	5	8	6
–	2	5	6
–	1	2	0

	7	8	9
–	3	2	4
–		5	3

	9	7	2
–	4	5	6
–	1	3	5

	6	8	3
–	2	4	5
–		9	8

	6	3	0
–	4	5	5
–		3	7

	8	0	0
–	6	2	7
–	1	4	7

	5	0	6
–		5	8
–	2	5	5

	3	6	9
–	3	0	4
–		5	5

	7	3	4
–	2	0	8
–		9	0

	4	7	1
–	2	4	9
–		7	8

	8	3	0
–	3	6	3
–	2	4	7
–		5	5

	6	6	6
–	3	4	5
–			9
–	1	4	6

	9	4	1
–	2	3	5
–		7	6
–	1	3	9

	5	7	0
–		3	6
–	1	2	4
–	3	0	5

	8	0	3
–	2	4	6
–	1	3	7
–	1	0	5

2. Gleichungssafari.

340	70	410	70	320	38	456	975	333	303	636	142
385	46	4	438	777	7	784	549	30	75	864	930
700	505	507	480	309	847	728	635	580	440	60	333
289	8	106	300	200	22	204	520	70	9	804	360
205	384	708	620	807	103	5	60	650	28	678	475
608	30	638	9	33	810	209	380	657	841	700	987
3	880	454	40	505	400	90	232	40	444	448	7
60	8	742	50	302	370	37	407	70	414	400	36
6	888	450	2	10	108	630	36	666	20	900	44

Markiere die Aufgaben, die du findest und schreibe sie in dein Heft.

1. Fülle die Baupläne passend zu diesen Würfelbauten aus.

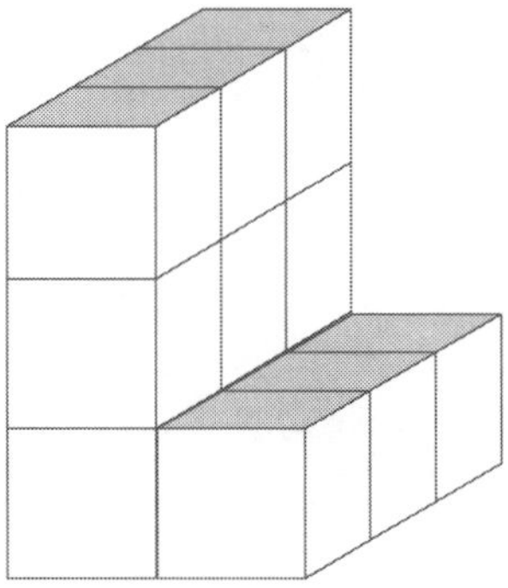

1	1	1
3	3	3

1	3
1	3
1	3

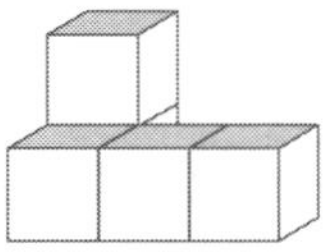

2		
1	1	1

⊗

2	1
	1
	1

○

1	2
1	
1	

⊗

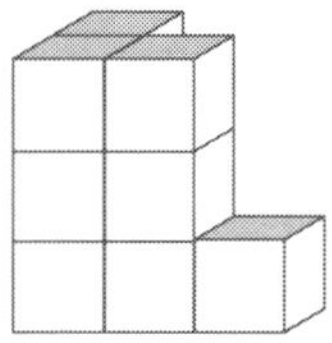

2		
1	1	1

○

2	1
	1
	1

○

1	2
1	
1	

○

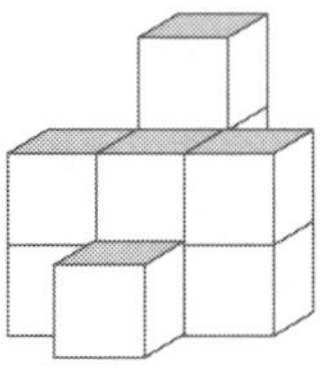

	3	
2	2	2
	1	

○

	2	
3	2	1
	2	

○

	2	
1	2	3
	2	

○

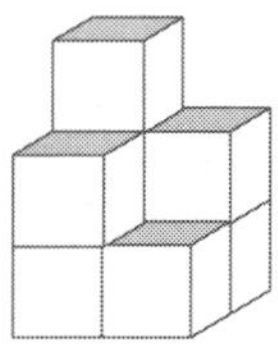

3	1
2	1

○

2	3
1	2

○

2	1
3	2

○

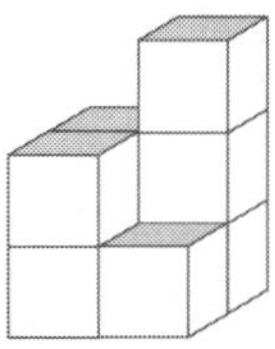

3	1
2	2

○

3	2
1	2

○

2	3
2	1

○

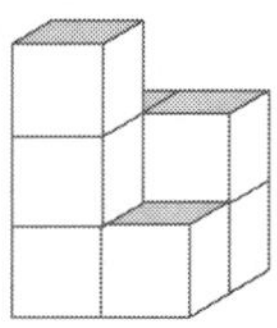

2	2
3	1

○

2	3
2	1

○

2	1
2	3

○

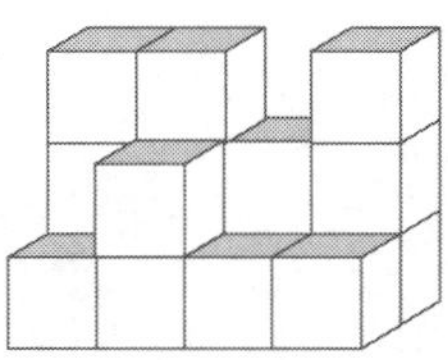

3	1
2	1
3	2
3	1

○

1	3
1	2
2	3
1	3

○

1	1	2	1
3	2	3	3

○

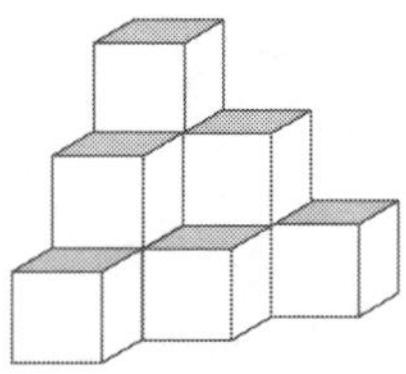

3	2	1
2	1	
1		

○

		1
	1	2
1	2	3

○

		1
	2	2
1	2	2

○

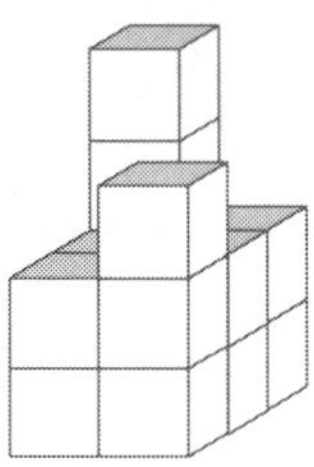

3	2
2	2
2	4

○

2	3
2	2
4	2

○

4	2	2
2	2	3

○

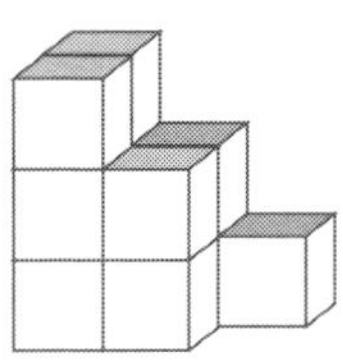

3	1	1
3	2	

○

3	3
2	2
1	

○

1	
2	2
3	3

○

1. Trage ein, von wo das Bauwerk so zu sehen ist. Baue dann und kontrolliere.

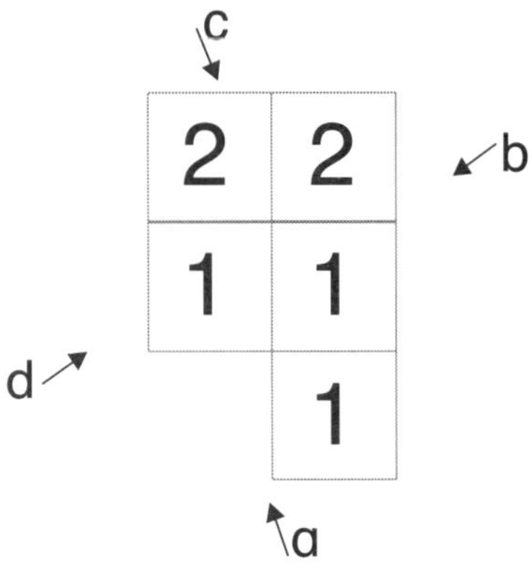

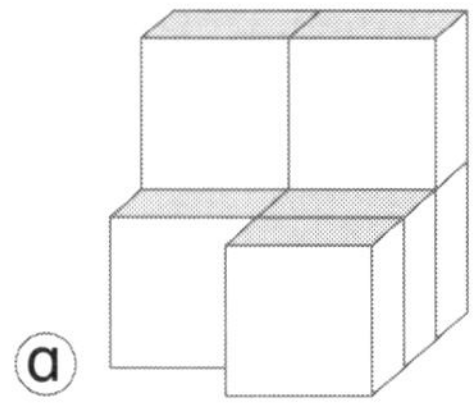

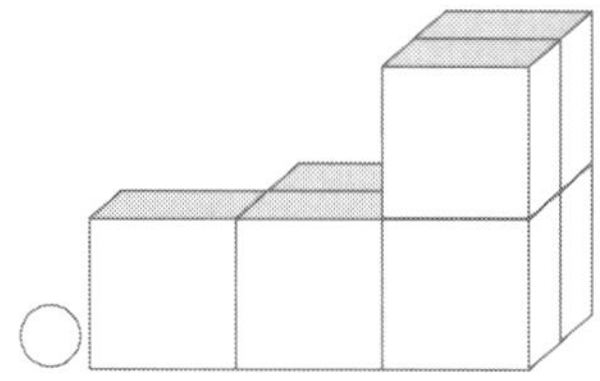

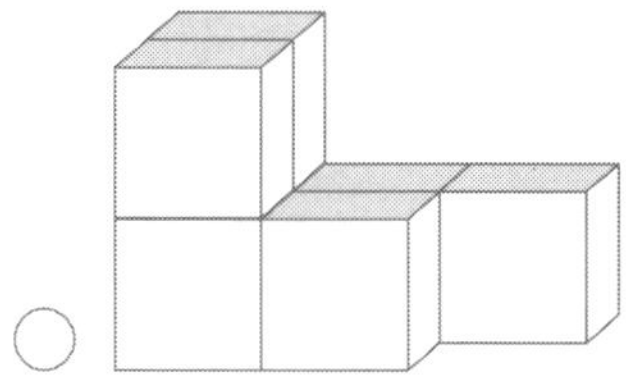

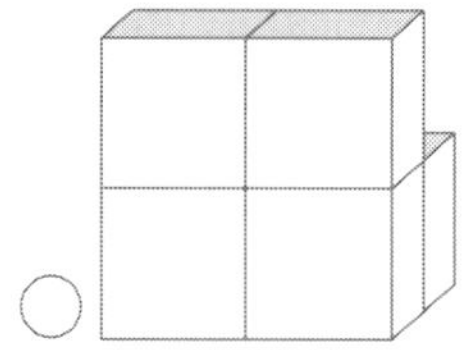

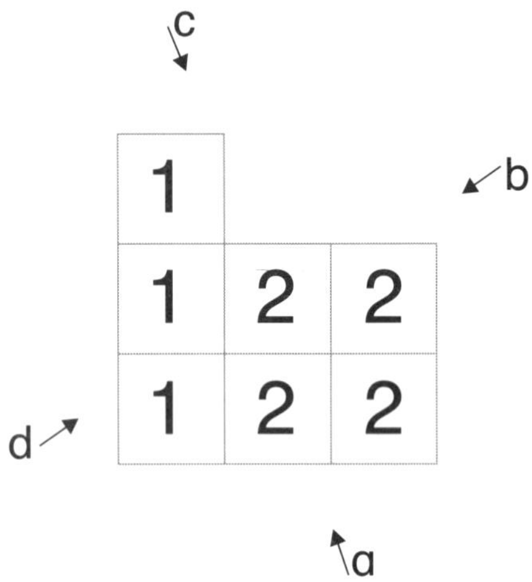

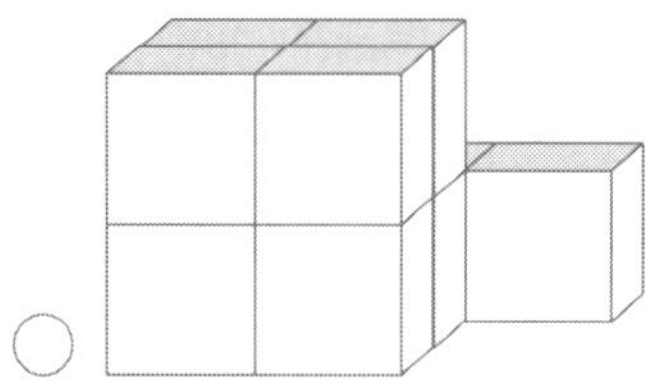

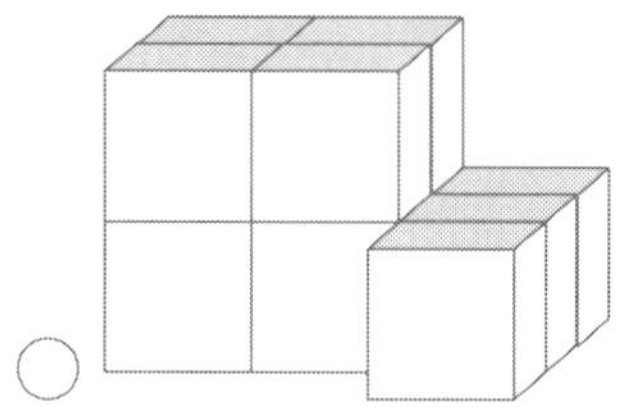

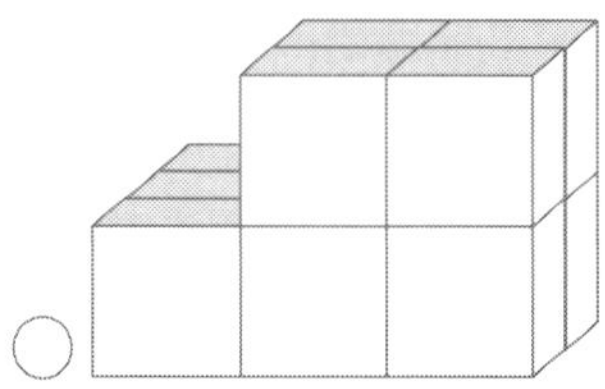

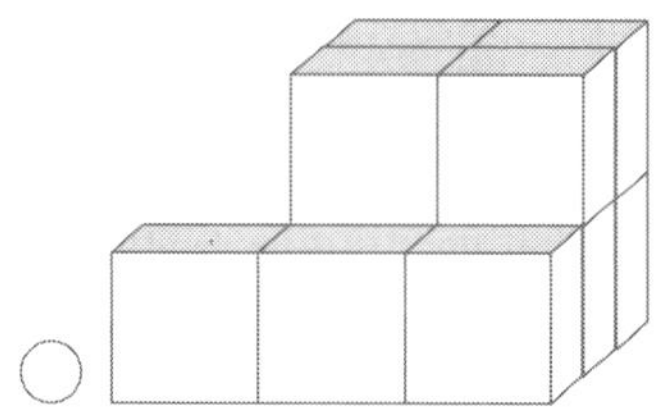

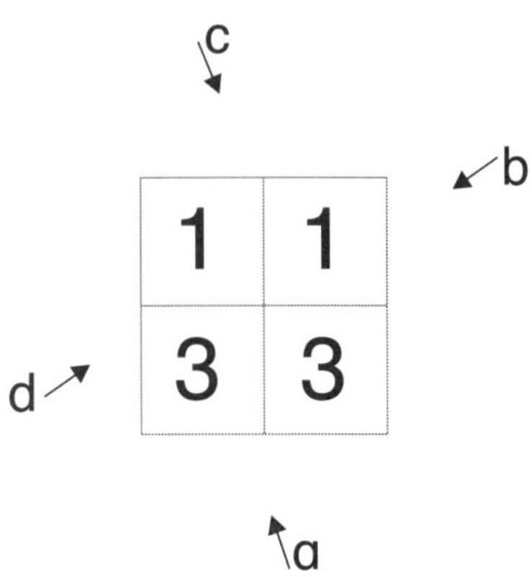

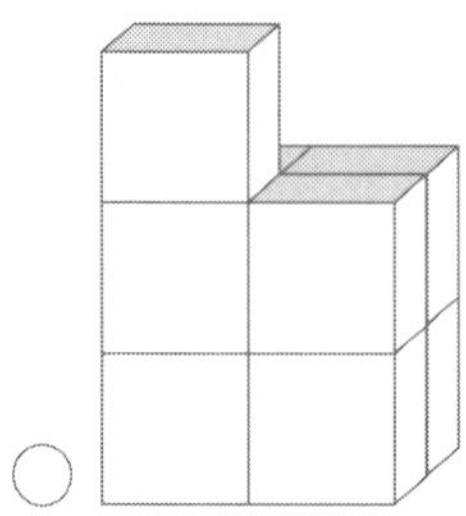

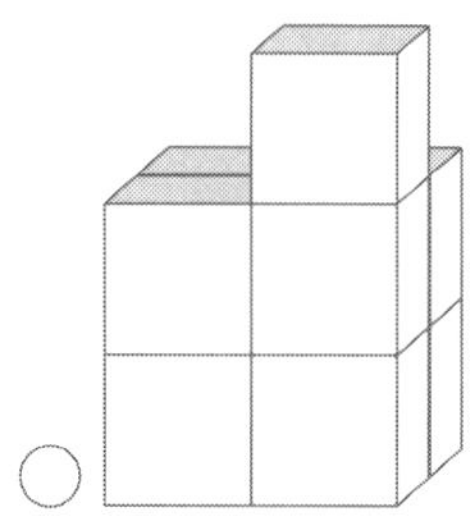

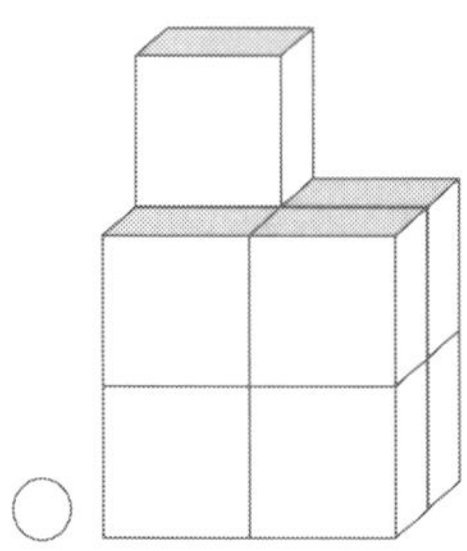

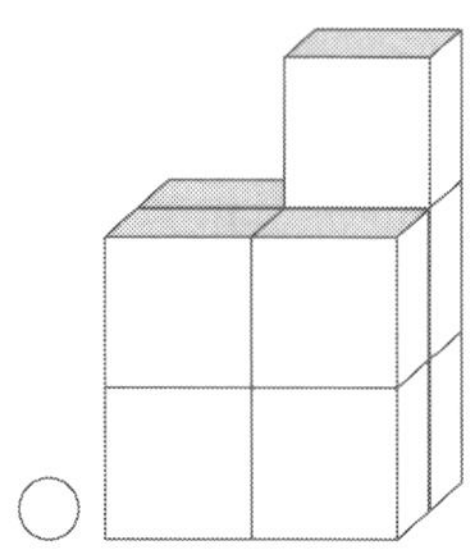

1. Vervollständige das Zimmer passend zur Abbildung im Buch.

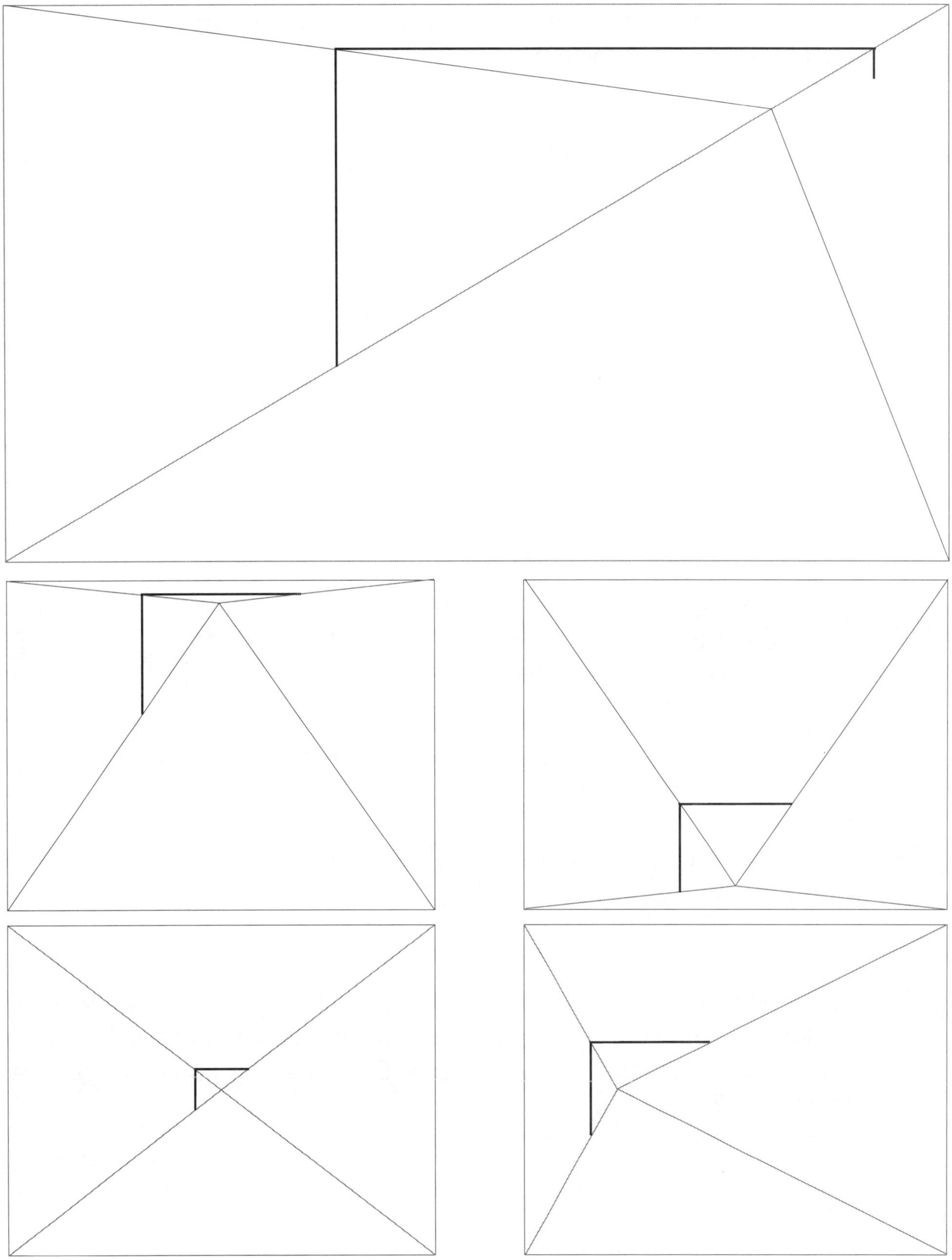

2. Vergleiche, wie das Bild bei den verschiedenen Lagen des Fluchtpunkts wirkt. Nimm einen Schuhkarton und entferne eine kleinere Fläche. Bemale oder beklebe ihn innen so, dass es wie ein Zimmer aus sieht. Den Deckel setze danach wieder auf den Karton. Wie musst du in den Karton schauen, damit das Zimmer so wie auf den Bildern wirkt?

1. Streiche bei jedem Körper die Figuren durch, die nicht sein Schatten sein können. Entscheide erst und prüfe dann, indem du die Körper ins Sonnenlicht hältst und bewegst.

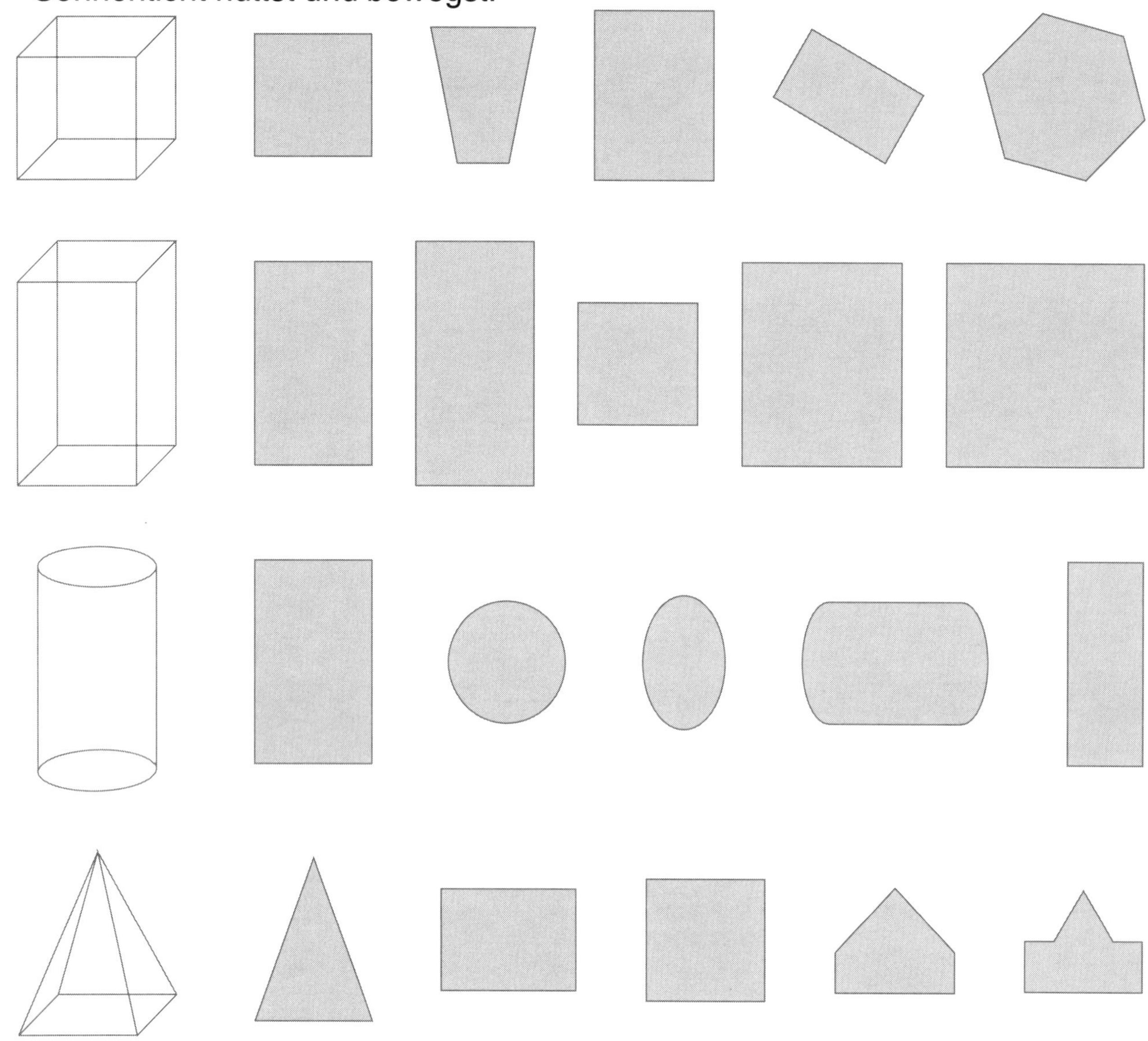

2. Stelle zwei Spielwürfel übereinander. Addiere die Augenzahl aller sichtbaren Seiten. Welche Summe erhältst du? Welche anderen Summen sind auch möglich? Welche Summen gibt es bei 3, 4, 5, 10 oder 100 übereinandergestellten Würfeln?

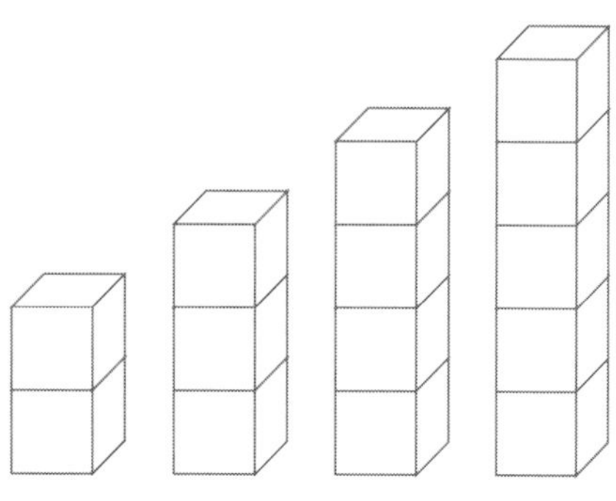

2 Würfel

3 Würfel

4 Würfel

5 Würfel

10 Würfel

Was entdeckst du?

1. Eine Streichholzschachtel wird gekippt. Am Anfang liegt der Deckel oben. Liegt im Feld mit dem Fragezeichen der Deckel oder der blaue Boden oben? Färbe passend.

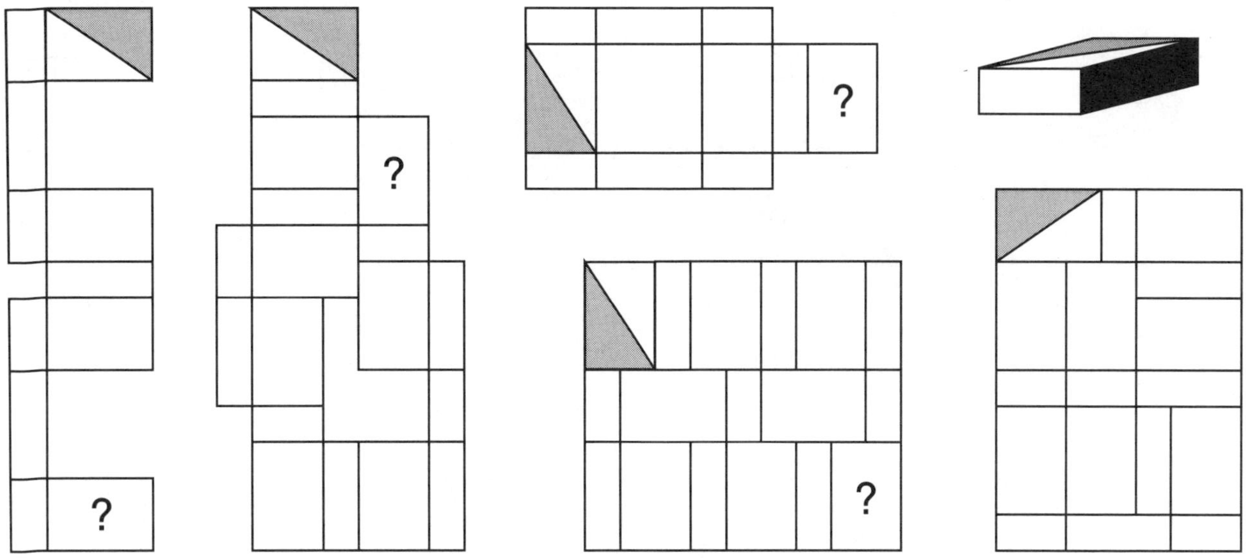

2. Kippe die Schachtel in Gedanken „eine Runde“. Wie liegt sie danach da?

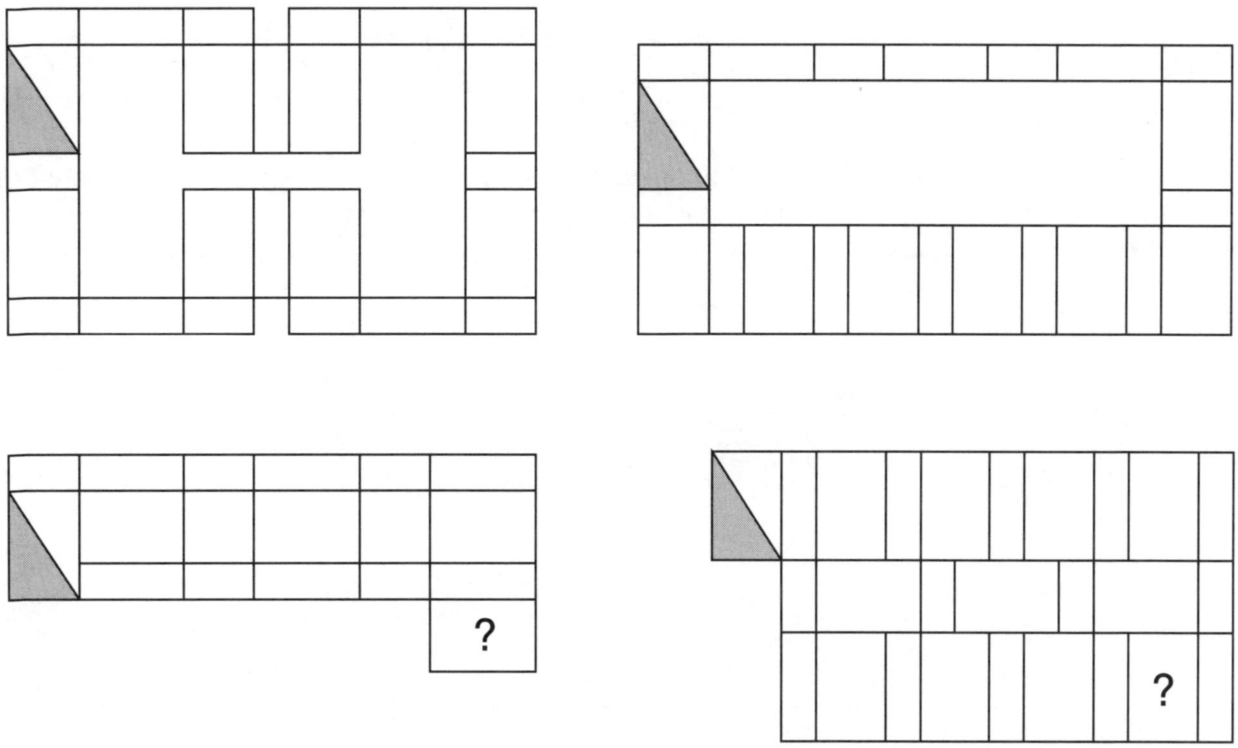

3. Erst schauen, dann rechnen. Manchmal lohnt es sich. Markiere, was du zuerst rechnest.

55 + 32 + 18 = ...	18 + 20 + 22 = ...	25 · 3 · 4 = ...	7 · 5 · 16 = ...
27 + 26 + 34 = ...	36 + 77 + 37 = ...	5 · 7 · 20 = ...	4 · 13 · 5 = ...
35 + 22 + 55 = ...	64 + 71 + 36 = ...	3 · 3 · 30 = ...	7 · 8 · 5 = ...
64 + 39 + 13 = ...	46 + 99 + 24 = ...	5 · 5 · 18 = ...	25 · 3 · 4 = ...
54 + 70 + 36 = ...	73 + 52 + 41 = ...	8 · 4 · 2 = ...	20 · 8 · 5 = ...
29 + 47 + 11 = ...	66 + 22 + 34 = ...	5 · 7 · 12 = ...	4 · 13 · 5 = ...

1. Eine Ecke des Würfels ist grau gefärbt. Im Würfelnetz sind das immer drei graue Dreiecke. Zeichne in jedes Würfelnetz die zwei fehlenden grauen Dreiecke ein. Schneide anschließend Würfelnetze aus Gitterpapier aus, falte und überprüfe.

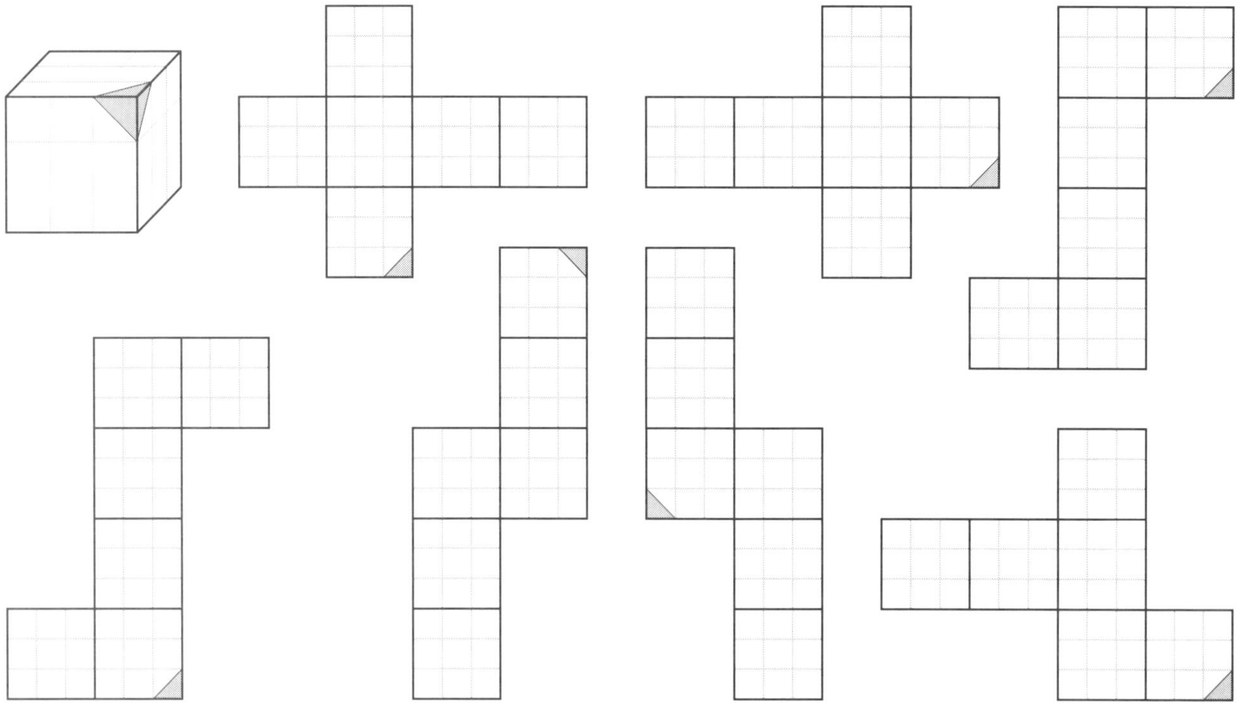

2. So haben Kinder zwei Streichholzschachteln auf den Tisch gelegt. Darunter siehst du, wie die Schachteln im verdunkelten Raum aussehen. Schreibe daran, wessen Schachteln von welcher Seite (vorn, hinten, links oder rechts) so zu sehen sind.

Anne Beate Chris Roberto

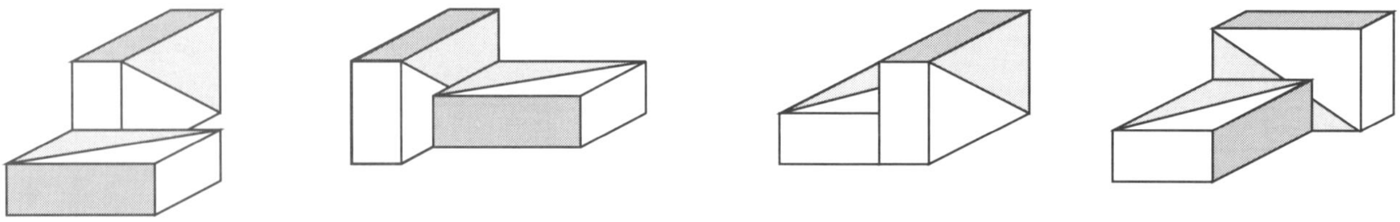

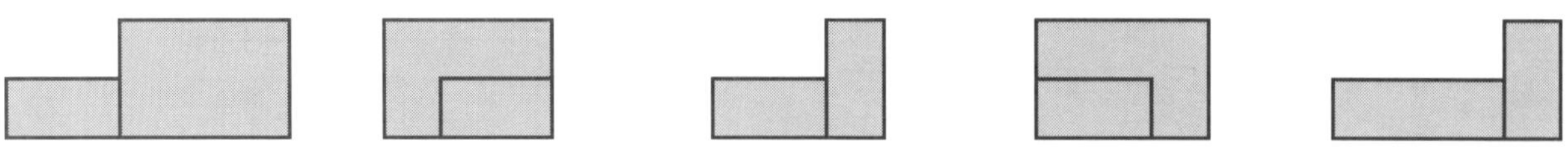

Anne, rechts ....

....

....

....